Stephanie Schneider

DAS KNOPFBUCH

Insel Verlag

Insel-Bücherei Nr. 1447

DAS KNOPFBUCH

HALT! DA BLITZT DOCH ETWAS IN DER SONNE

Auf dem tristen Grau des Gehwegs liegt etwas Winziges, Schimmerndes. Es leuchtet geheimnisvoll, strahlt mir förmlich auf dem öden Beton entgegen und wirft einen kleinen Lichtblitz in meine Richtung, als wolle es meine Aufmerksamkeit erhaschen.

Ich bücke mich: ein Knopf.

Genauer: einer aus Perlmutt, in allen Farben des Regenbogens glänzend und bei genauerer Betrachtung wunderschön, wie er da in meiner Hand liegt. Wo er hingehören mag? Welche Hose jetzt wohl rutscht oder welche Bluse nun (womöglich gar ungehörig) aufspringt? Ob er schon vermisst wird, der Kleine?

Irgendwann auf jeden Fall! Denn ohne ihn wird irgendein Kleidungsstück nicht mehr wie vorgesehen funktionieren. Fehlt ein Knopf, kann das höchst peinliche Folgen haben. Abgesehen davon, dass der perfekte Gesamteindruck ebenfalls dahin ist.

Oft nehmen wir ihn in der Tat erst wahr, wenn er fehlt, der Knopf. Dieser kleine, oft so gänzlich unscheinbare, selbstverständliche und allgegenwärtige Gegenstand. In der Regel kaum beachtet, chronisch unterschätzt und trotz allem in höchstem Maße unentbehrlich, hält er schmückend Jacken zu und Hosen fest.

Seit Jahrtausenden sind Knöpfe elementare Bestandteile

der Kleidung, die uns treu ein Leben lang begleiten – von der Babykleidung bis zu Omas Strickjacke. Und doch waren und sind Knöpfe nie nur ein rein funktionaler Kleiderverschluss, sondern stets auch ein Schmuck- und Gestaltungselement.

Knöpfe setzen Akzente, sind das sprichwörtliche »Tüpfelchen auf dem i« und verleihen Kleidungsstücken eine individuelle Note. Sie greifen aktuelle Themen aus Mode, Gesellschaft, Kunst und Kultur auf und sind Symbole für Lebensgefühl, Geschmack und Status des Trägers. Stets passte sich der Knopf höchst flexibel allen Trends und Moden an, änderte sich permanent und blieb dabei doch ein wahrer Klassiker, überdauerte so – gutem Design gleich – alle Zeiten.

Die Herstellung von Knöpfen war schon immer eine kreative Angelegenheit. Den meisten Knöpfen sieht man nicht an, welche Vielfalt an Rohstoffen, Materialien, Hilfsmitteln, Zubehörteilen, Geräten und meist speziell entwickelten Maschinen und Werkzeugen eingesetzt werden muss, bis der kleine Kleiderverschluss gebrauchsfertig ist. Noch heute werden besondere und hochwertige Knöpfe in Handarbeit hergestellt, das sind allerdings Nischenprodukte. Verwendet werden alle denkbaren (und undenkbaren) Materialien, um den perfekten Knopf herzustellen, und das dazu benötigte Wissen und handwerkliche Können ist oft Jahrhunderte alt.

Der Knopf ist viel mehr als bloß ein Kleiderverschluss, so wurde er auch schnell zum »Objekt der Begierde« und entfachte aufgrund seiner Vielfalt an Materialien, Farben, Formen und Stilen bei vielen Menschen eine ausgeprägte Sammelleidenschaft. Glücklicherweise frönen ihr seit Jahrhunderten derart viele Menschen, dass wahrhaftige Schätze, auch

Stephanie Schneider
Das Knopfbuch

Mit farbigen Abbildungen
Insel-Bücherei Nr. 1447

Knöpfe gibt es schon seit
Jahrtausenden. Die ersten
wurden aus Steinen, Zähnen
oder Knochen hergestellt, sie
sollten wie die Fibeln das
Fell oder den Mantel zusammenhalten, gleichzeitig waren
sie Zierde und Schmuck der
Bekleidung. Der vorliegende
Band gibt einen Abriss der
Kulturgeschichte des Knopfes
und stellt die Vielfalt der
Materialien vor, vom Stein-
nussknopf bis zum Perlmutt-
knopf, vom Messingverschluss
bis zum industriell gefertigten
Kunststoffknopf.

Bernd Brunner
Das Granatapfelbuch
Mit farbigen Abbildungen
Insel-Bücherei Nr. 1444

Pilze. Ein Lesebuch
Mit farbigen Illustrationen
von Christina Kraus
Herausgegeben von Raimund
Fellinger und Matthias Reiner
Insel-Bücherei Nr. 1445

Paul Raabe
Goethe und Sylvie
Briefe und Gedichte
Mit Abbildungen
Insel-Bücherei Nr. 1446

Kia Vahland
Spurensuche
Alte Bilder, neue Zeiten
Mit zahlreichen Abbildungen
Insel-Bücherei Nr. 1448

Robert Walser
Der Spaziergang
Illustriert von Christian Thanhäuser
Insel-Bücherei Nr. 1449

Das Waldbuch
Herausgegeben von Matthias Reiner
Mit farbigen Fotografien
von Sabine Wenzel
Mit einem Nachwort von
Thomas Erbach
Insel-Bücherei Nr. 1451

an historischen Knöpfen, erhalten geblieben sind. Auch wenn die meisten dazugehörigen Kleidungsstücke längst nicht mehr existieren, haben die Sammler schier unermessliche Schätze in Form der kleinen Verschlüsse zusammengetragen. Diese lagern nicht nur in Privatsammlungen, sondern sind oft auch in Museen der Öffentlichkeit zugänglich.

Aus unserem ganz persönlichen Alltag, unserer Kultur, sind Knöpfe nicht wegzudenken. Wer kennt sie nicht, die überdimensionalen Hosenknöpfe von Micky Maus, die »Knopfaugen« eines sich vielleicht sehr »zugeknöpft« gebenden Menschen, die viel zu eng sitzenden Knöpfe an Charlie Chaplins über dem Bauch spannender Jacke, den »Knopf im Ohr« als Markenzeichen der weltberühmten Stofftiere oder als Kommunikationshemmer? Viel Spannendes und Kurioses gibt es zu entdecken auf unserer Reise in die bunte Welt der Knöpfe.

KNOPFARTEN UND KNOPFFORMEN

Es gibt Anzugknöpfe, Bettwäscheknöpfe, Druckknöpfe, Filigranknöpfe, Hemdenknöpfe, Jeansknöpfe, Knebelknöpfe, Kugelknöpfe, Manschettenknöpfe, Posamentenknöpfe, Puppenknöpfe, Schuhknöpfe, Trachtenknöpfe, Uniformknöpfe, Zwirnknöpfe, um nur eine kleine Auswahl zu nennen, die sich hauptsächlich in die folgenden Formen gliedern:

LOCHKNOPF

Die gängigste Knopfform ist wohl der Lochknopf. Er ist meist scheibenförmig, flach, geschüsselt (nach innen / unten gewölbt), kesselförmig (mit einer Vertiefung in der Mitte), mit einem erhabenen Rand (Wulst) versehen oder hinterstochen (der Wulstrand hat innen eine Vertiefung im unteren Bereich). In der Regel wird der Lochknopf als Zwei- oder Vierlochknopf angeboten.

Allgemein lassen sich Lochknöpfe in den gängigen Größen sehr gut maschinell annähen, was sie zum industriell gefertigten Massenprodukt hat werden lassen. Man findet sie an Oberbekleidung aller Art, an Bettwäsche und häufig auch an Taschen oder Schuhen.

Der Ösenknopf ist eine seit dem Hochmittelalter gebräuchliche Knopfform, die auf der Rückseite eine Öse aufweist, mit der der Knopf an das Kleidungsstück angenäht wird. Die Vorderseite ist kugel-, halbkugel-, scheibenförmig, flach oder gewölbt und eignet sich insbesondere für reliefierte Verzierungen, Gravuren, Stickereien und andere Designs, bei denen eine einheitliche Oberfläche ohne Knopflöcher vonnöten ist.

Die Öse auf der Rückseite gibt es in zahlreichen Formen, als gängige Ringöse, mit Presszahnansatz oder Kegelansatz. Sie werden entweder allein oder mit einer Trägerplatte auf der Rückseite des Knopfes befestigt oder gleich mit dem Knopf zusammen aus einem Stück gefertigt.

Eine seit Langem sehr verbreitete Form des Ösenknopfes ist der Stoffmontageknopf, ein mehrteiliger Metallknopf mit Öse, dessen hohles Oberteil mit Stoff oder dünnem Leder bespannt und durch Pressen mit dem Unterteil verbunden wird.

Ebenfalls gängig sind abnehmbare Knöpfe, deren Öse durch ein kleines Knopfloch im Stoff gesteckt und hinten mit einem Splint gesichert wird. Diese erleichtern die hygienische Reinigung von Berufskleidung wie Labor- und Arztkitteln oder Kochjacken.

KNEBELKNOPF

Der Knebel ist eine längliche, oft leicht gebogene Sonderform des Loch- oder Ösenknopfes und vermutlich die älteste Vorläuferform des heutigen Knopfes. Er wird in der Regel aus Naturmaterialien wie Horn oder Bein in rustikaler Optik hergestellt und oft statt mit Knopflöchern mit Schlaufen kombiniert.

DRUCKKNOPF

Der Druckknopf ist ein rasch zu schließender und bei Bedarf fast unsichtbarer Kleiderverschluss, bestehend aus zwei runden Teilen, von denen eines mit einer Vertiefung, das andere mit einem dazu passenden Kopf versehen ist. Beide Bestandteile des Druckknopfes werden auf den gegenüberliegenden und zu verbindenden Seiten des Stoffes festgenäht oder genietet und ineinandergedrückt.

Druckknöpfe werden meist aus Metall, seltener aus Kunststoff hergestellt. Sie waren erstaunlicherweise schon vor unserer Zeitrechnung gebräuchlich. Eine einfache Version wurde bei der berühmten chinesischen Terrakotta-Armee zur Befestigung an den Bronzewagen verwendet (um ca. 210 v. Chr.), geriet aber offenbar wieder in Vergessenheit, bis 1885 der zweiteilige Annähdruckknopf erfunden wurde. Dieser wurde dann 1903 durch Einarbeitung einer Feder aus doppeltem Bronzedraht als Gegenhalter verbessert und ist noch heute in dieser Form gebräuchlich. Er dient als leicht zu handhabender, unauffälliger, robuster, rostfreier, schnell und sicher schließender Verschluss. Der Druckknopf wird häufig an Baby- und Kinderkleidung, Oberbekleidung und Taschen verwendet.

FRACKKNOPF UND MANSCHETTENKNOPF

Frackknöpfe dienen zum Schließen der Vorderpartie von Frack- oder Smokinghemden der eleganten Abendgarderobe, deren Brustleiste im oberen Teil statt normaler, aufgenähter Hemdknöpfe mehrere Knopfloch-Paare haben, durch die diese besonders eleganten Knöpfe hindurchgesteckt und mittels Stiften befestigt werden.

Analog zum Manschettenknopf kauft man diese Knöpfe ebenfalls separat vom Hemd. Sie haben in der Regel Schmuckcharakter, werden meist aus hochwertigen Materialien wie Gold oder Silber hergestellt und sind oft mit klassischen Monogramm-Gravuren oder Edelsteinen verziert. Zum Smoking trägt man traditionell dunkle Onyx-Knöpfe, zum Frack mit Brillanten oder Perlmutt besetzte Knöpfe, während der reine Manschettenknopf in den unterschiedlichsten Designs getragen wird, jedoch stets Doppelknopf-Form hat und durch die Manschette gesteckt und verschlossen wird.

KUGELKNOPF

Der Kugelknopf besteht aus einer runden Scheibe von ca. 15 mm Durchmesser, einem axial anschließenden kurzen Steg und einer etwa 10 mm großen Kugel, die meist aus Kunststoff im Spritzgussverfahren hergestellt wird. Die oft schwarzen

Kugelknöpfe haben sich insbesondere an der Berufskleidung von Köchen etabliert. Sie werden durch die Knopflöcher gesteckt, sind einfach wieder abnehmbar und ermöglichen auf diese Weise eine bessere Reinigung der Kleidungsstücke. Auch das Mangeln oder Bügeln wird so erleichtert.

DURCHSTECKKNOPF

Vom Grundsatz her den Knöpfen der Herren-Abendgarderobe und denen der Kochjacken ähnlich, wird der Durchsteckknopf aus zwei miteinander durch einen Steg oder eine Kette verbundenen Knopfscheiben gefertigt. Auch er wird durch die Knopflöcher an zwei gegenüberliegenden Lochleisten gesteckt und findet sich hauptsächlich an Labor- und Arztkitteln. Hier steht ebenfalls die hygienische Pflege der Wäsche im Vordergrund. Seltener sind es die ganz hochwertigen Juwelierknöpfe, die aufgrund ihrer mangelnden Waschbeständigkeit und der besonderen Materialien als Durchsteckknopf konzipiert sind.

VERNIETETE KNÖPFE

Am stärksten verbreitet sind Metallnietknöpfe als klassische Jeansknöpfe. Sie werden aus Messing- bzw. Eisenblech hergestellt, durchlaufen beim Herstellungsprozess diverse Stanz-, Press- und Biegevorgänge, werden oft lackiert und anschließend fest mit dem Kleidungsstück vernietet. Sie sind pflegeleicht und robust.

Im Zuge der maschinellen Knopfproduktion und der zunehmenden Verbreitung von Maschinen, die die Knöpfe direkt
an die Kleidungsstücke nähten, kamen einheitliche Knopfgrößen auf. Schließlich mussten die Knöpfe zu den Maschinen und zum Knopfloch passen.

Als Maßeinheit für den Durchmesser etablierte sich die »englische Linie«:
1 englisches Zoll = 40 Linien = 2,54 cm
1 Linie = 0,635 mm

In der Regel werden geradzahlige Maße benutzt. So ergeben
sich Größenabstufungen von 1,27 mm. Diese Vereinheitli-
chungen erleichtern den globalen Handel und die Verarbeitung von Knöpfen erheblich. Abgekürzt wird das Maß »linig«
mit dem Doppelstrich". Ursprünglich wurde die »Linie« mit
drei Strichen abgekürzt. Dies erwies sich jedoch später als wenig praxistauglich, da die Tastaturen der Schreibmaschinen
keine Taste mit drei Strichen enthielten. So benügte man sich
mit dem Doppelstrich (32" = 32 Linien).

Die kleinsten gängigen Knöpfe sind zehn-linig (6,35 mm
Durchmesser), die beispielsweise für Baby- oder Puppenklei-
dung verwendet werden. Typische Hemdknöpfe sind meist
20-linig (12,5 mm Durchmesser), Wäscheknöpfe 24-linig
(15,25 mm Durchmesser). 24- und 28-linige Knöpfe (18 mm
Durchmesser) werden oft für Westen und Ärmel verwendet.
32- und 36-linige (20,25 und 23 mm Durchmesser) für Blazer

bzw. Jacketts, 40- bis 60-linige (25,4 und 38 mm Durchmesser) z. B. für Mäntel und Jacken.

Die größten industriell gefertigten Knöpfe messen 80 Linien (50,8 mm Durchmesser) und werden oft allein schon aufgrund ihrer Größe zum Blickfang auf ausgefallenen Kleidungsstücken. Knöpfe, die nicht ganz rund sind, werden übrigens an ihrer größten Ausdehnung gemessen. Hilfreich ist stets das »Maß aller Knöpfe«, eine transparente runde Kunststoffscheibe mit aufgedruckten Kreisen im Durchmesser der gängigen Knopfgrößen. Damit ist der Knopf-Durchmesser schnell bestimmt. Zum Gesamtmaß eines Knopfes gehört neben dem Durchmesser auch die Stärke (Höhe). Sie wird in mm angegeben und kann bei gleichem Durchmesser erheblich abweichen. Hat ein Knopf aufgrund seiner Form unterschiedliche Höhen (z. B. beim Wulstknopf mit einem deutlich erhabenen Rand), ist die größte Stärke maßgeblich.

Da Knöpfe meist in großen Mengen gehandelt werden, werden sie heute in Stück, bei Massenware auch in Gramm oder gar Kilogramm angegeben. Ältere, heute nicht mehr gebräuchliche Einheiten sind das Schock (= 20 Stück) sowie das Maß über das Gros bis hin zum Dutzend.

1 Maß = 12 Gros = 144 Dutzend = 1728 Stück
1 Gros = 12 Dutzend = 144 Stück
1 Dutzend = 12 Stück

MATERIALIEN

Man ahnt es schon, und trotzdem ist es doch immer wieder höchst erstaunlich, dass die folgenden Materialien etwas gemeinsam haben: Ob Metalle, wie Kupfer, Messing, Zinn, Bronze, Stahl, Aluminium, Gold und Silber oder Keramik, Porzellan, Glas, Emaille, Perlmutt, Muscheln, Schneckenhäuser, Knochen, Bernstein, Gummi, Holz, Elfenbein, Hirsch- und Büffelhorn, Steinnuss, Leder, Posamente, Bast, Schildpatt, Filz, Edelsteine, Kunststoffe, Bambus, Textil, aber auch kuriose Werkstoffe wie Haifisch- oder Walrosszähne, Kartoffeln, Stroh, Hühnerhaut, Rochenleder, Speckstein, Kork, Kristall, Obstkerne, Lavagestein, Marmor, Pappmaché, Kokosnussschalen oder die spannendsten Hightechmaterialien, aus allem lassen sich Knöpfe herstellen.

Auch die – mitunter höchst aufwendige – Weiterverarbeitung der verschiedenen Rohstoffe leistet ihren Beitrag zur Vielfalt dieses Kleiderverschlusses: Knöpfe werden oft in zahlreichen, handwerklichen Einzelschritten verziert, dekoriert, graviert, gefeilt, gebohrt, poliert oder mattiert, mit Einlegearbeiten versehen, gefärbt, bestickt, beklebt, bemalt, aus mehreren Komponenten zusammengesetzt oder gar vom Goldschmied zu kleinen Schmuckstücken von hohem Wert veredelt.

Die Herstellung von Knöpfen umfasst neben den industriellen Produktionsverfahren, wie beispielsweise der Metall- oder Kunststoffverarbeitung, oft auch künstlerische Techniken wie die Bildhauerei, Malerei und Illustration, das Emaillieren, die Gravur, die Herstellung von Posamenten, Goldschmiedearbeiten etc., was viele Knöpfe zu regelrechten Kunstwerken macht.

Aber beginnen wir mit einem echten Klassiker – dem Knopf aus Perlmutt.

PERLMUTT

Sowohl die Perle an sich, als auch die »Mutter der Perle« (»Perlmutter«, »Perlmutt«) fasziniert Menschen seit Jahrtausenden. Ihr Glanz und die spezielle Farbgebung sind immer wieder anders.

Dieses reizvolle Naturprodukt wurde im Orient schon früh zur Herstellung von Schmuck- und Gebrauchsgegenständen verwendet. Die Kreuzfahrer, gefolgt von den Kaufleuten, brachten diesen Rohstoff und die Kunst seiner Verarbeitung nach Europa, wo sich nach dem Kunsthandwerk – die ersten europäischen Perlmuttknöpfe stammen aus dem 17. Jahrhundert – schließlich ab Mitte des 19. Jahrhunderts eine perlmuttverarbeitende Industrie etablierte.

Bei der Perlmuttgewinnung unterscheidet man Perlmutt aus den Schalen der Perlmuschel (weiches Perlmutter) und aus den Gehäusen der Meeresschnecken (hartes Perlmutter). Bei beiden besteht die Innenschicht der Perlmutterschale aus unzähligen einzelnen hauchdünnen Kalkschichten, die die Schnecke oder Muschel zu ihrem Schutz – ähnlich dem Pan-

zer einer Schildkröte – schichtweise übereinanderlegt und mit dem haftenden Eiweiß Konchyolin, einer gallertartigen organischen Absonderung des Tieres, verbindet.

Bei der Muschel besteht die Schale aus einer flachen Unterschale und einer gewölbten Oberschale, bei der Schnecke aus einem kegelförmigen Gehäuse, in dem sich ein Gang spiralförmig bis in die Spitze windet. Außen ist die Schale (auch Borke oder Rinde genannt) hart, porös, rau, unscheinbar und in Grau- oder Brauntönen optisch dem Meeresboden perfekt angepasst. Häufig ist diese mit Tierbesatz oder von Wurmlöchern durchzogen. Mit dem Wachstum des Tieres bildet sich nach und nach eine optimal entwickelte Schutzhülle. Die einzelnen dünnen Kalkplättchen des innen liegenden Perlmutts sind lichtdurchlässig und durch ihre regelmäßige Schichtung entsteht in Kombination mit der Brechung des Lichtes in seine Spektralfarben der typische strahlende Glanz und Farbschimmer des Perlmutts. Unterschiedliche Farbpigmente, der Lichteinfall bzw. der Blickwinkel auf die Schale sowie ihre Bewegung lassen ihn immer wieder anders erscheinen. Durch ihre Krümmung wird dieser Effekt verstärkt und lässt das Perlmutt in allen Regenbogenfarben sanft schimmern, teils sogar prächtig leuchten. Je nach Herkunft und Art der Muschel oder Schnecke bzw. ihrem Wachstum und den jeweiligen Lebens- und Umweltbedingungen variiert die Perlmutt-Innenseite von silbrigweiß über dezent farbig bis hin zu glänzend schwarz; stets von einem irisierenden Farbenspiel begleitet, was den besonderen Reiz dieses traditionellen Werkstoffes ausmacht. Heute kennt man knapp dreißig verschiedene Muschel- und Schneckenarten, deren Perlmutt für die Knopfherstellung geeignet ist. Sie werden fast ausschließlich in den tropischen Meeren mit hohen Wassertemperaturen in Tiefen von fünf bis vierzig Metern gefischt. Die besten Qualitäten findet man im Roten Meer, im Indischen sowie im Pazifischen Ozean.

Die Schalen der Meeresmuscheln und -schnecken sind meist zwischen drei und dreißig Zentimeter groß und bis zu fünf Kilogramm schwer. Ihre in der Perlmuttindustrie verwendeten Namen basieren oft auf ihrer Herkunft bzw. auf dem Namen des Hafens, von dem aus sie verschifft wurden, z. B. Macassar, einem Hafen in Indonesien, und haben in der Regel keinen Bezug zu den wissenschaftlich-biologischen Bezeichnungen der Tiere. Auch steht der Name der Rohware oft bereits für die Qualität des Endproduktes. Der Macassar-Perlmuttknopf aus rein weißem dickem maserfreiem Südseeperlmutter steht weltweit für einen hochwertigen Knopf bester Qualität.

Neben der dickschaligen Macassar sind die bekanntesten Meeresmuscheln die Tahiti-, Ägypter-, Perser- und die La-Plata-Muscheln. Die am häufigsten zur Perlmuttverarbeitung genutzten Schnecken sind die Trocas (Kegelschnecke), grüne und rote Iris, Goldfisch und die Burgos (Topfschnecke). Das Perlmutt der einzelnen Tiere unterscheidet sich erheblich in seiner Stärke sowie seiner Farbgebung. Dadurch ergeben sich verschiedenste Rohmaterialqualitäten und Einsatzzwecke. Weniger hochwertiges Perlmutt lässt sich hervorragend in allen gewünschten Farbtönen einfärben, wodurch uneinheitliches Material optisch ausgeglichen werden kann.

Echte Perlmuttprodukte erkennt man oft beim Blick auf deren Rückseite. Diese ist häufig unbearbeitet und naturbelassen und weist noch die markanten Spuren der Muschel- oder Schneckenschale auf. Auch ist das Naturprodukt von kühlerer Anfassqualität und höherem Gewicht als die Imitate aus Kunststoff, die den Glanz von echtem Perlmutter niemals vollständig nachzuahmen vermögen.

Abgesehen vom maschinellen Schneiden, Bohren und Fräsen werden auch heute noch einige Arbeitsschritte in der Perlmuttknopfproduktion in Handarbeit ausgeführt. Nach dem Einweichen des Rohstoffes in Wasser und dem Entfernen der Borke werden aus den Schalen mittels Kronenbohrern tablettenartige, runde Scheiben (sogenannte »Rondelle«) herausgebohrt, die anschließend gedreht, gefräst und gebohrt werden. Unsaubere Kanten, Grate und letzte Reste der Borke sowie Unebenheiten in der Oberfläche werden in großen Schleiftrommeln mit Bimsmehl entfernt, bevor die endgültige Politur erfolgt, die dem Perlmutt seinen Glanz entlockt.

SCHILDPATT

Das Schildpatt für die Knopfproduktion wurde früher aus dem Panzer der Meeresschildkröte gewonnen – heute ist der Handel damit weltweit aufgrund der strengen Artenschutzbestimmungen verboten. Der früher sehr beliebte hornartige Rohstoff ist halb transparent mit einer optisch reizvollen Zeichnung in Weiß-, Gelb-, Braun- und Schwarztönen. Aus den Schildpattplatten wurden Knopfrondelle ausgesägt, was aufgrund der gefährlichen Eigenschaften des Naturmaterials – Schildpatt ist leicht entzündlich und kann explosionsartig verpuffen! – nicht ohne Risiko war. Anschließend wurden die Rondelle in mehreren Arbeitsschritten zu Knöpfen weiterverarbeitet.

Aufgrund seiner tropischen Herkunft war Schildpatt stets ein äußerst exklusiver und hochpreisiger Werkstoff, was Knöpfe aus diesem Material zu begehrten Luxus-Accessoires werden ließ. Heute werden Knöpfe in der klassischen Schildpattoptik ausschließlich als Imitate aus Polyester hergestellt, die jeder mit gutem Gewissen tragen kann.

BÜFFELHORN

Klassische Büffelhornknöpfe werden aus den Hörnern, teilweise auch aus den Hufen, von Büffeln hergestellt. Seltener werden Hörner von Rindern, Schafen oder Ziegen verwendet, denn diesen fehlt die ausgeprägte charakteristische Maserung des Büffelhorns.

Büffelhörner sind bis zu 50 Zentimeter lang und werden in der Regel aus Asien, Afrika und Südamerika importiert. Sie bestehen, ebenso wie menschliche Nägel und Haare, aus Keratin, wasserunlöslichen Faserproteinen, die die Hornsubstanz bilden. Ihre Farbe variiert von hellbeige bis dunkelbraun und das Material hat durch seine glänzend-glatte Oberfläche im geschliffenen und polierten Zustand und durch seine natürliche Wärme eine hohe haptische Qualität.

Hochwertige Büffelhornknöpfe werden aus den massiven Spitzen der Hörner gefertigt. Dafür wird die Hornspitze in Scheiben geschnitten, in Form gedreht, gefräst, gebohrt und zum Schluss poliert. So zeigt das Material am besten seine ausdrucksstarke Zeichnung. Bleibt ein Teil der natürlichen Hornoberfläche unbearbeitet und sichtbar, so spricht man von einem »Borkenknopf«. Geringere Knopfqualitäten – auch »Cap Horn«-Knöpfe genannt – werden aus dem Hohlteil des Hornes, dem Plattenhorn, welches auf dem Knochenzapfen aufsitzt, gefertigt. Für sie wird der hohle Teil des Horns aufgesägt, auseinandergebogen, gewalzt und unter Wärmeeinwirkung zu Platten gepresst. Anschließend werden diese in unterschiedlichen Arbeitsschritten zu Knöpfen weiterverarbeitet. Die hierbei anfallenden Hornabfälle, ebenso wie die im Vergleich zum Horn erheblich günstigeren Hufe der Tiere, können zu Hornmehl vermahlen, geschmolzen und zu Knöpfen gepresst werden. Diese sind erheblich preisgünstiger und erhalten durch Färben eine büffelhornartige Optik. Echte Büffelhornknöpfe sind robust, lichtecht und besitzen eine gute Wasch- und Reinigungsbeständigkeit.

HIRSCHHORN

Hirschhorn ist ein bereits seit Jahrtausenden zur Herstellung von Knöpfen verwendetes, hochwertiges Naturmaterial. Für die Knopfproduktion werden die Abwurfstangen von Hirschen, Rehböcken, Elchen, Rentieren und Damwild verwendet. Die Geweihe, die aus einer harten Knochensubstanz bestehen, werden jährlich vom Wild abgeworfen, teils handelt es sich aber auch um Jagdtrophäen oder Abfälle aus der Fleischproduktion. So erhält die Knopfindustrie zwar Nachschub, dieser ist jedoch natürlich begrenzt, was eine Massenproduktion nicht zulässt und dadurch den Wert des Rohstoffes erhöht.

Knöpfe aus Hirschhorn werden auch heute noch größtenteils in Handarbeit hergestellt. Zuerst werden aus den zu Platten gesägten Geweihen Rondelle gefertigt, diese werden anschließend in zahlreichen Arbeitsschritten weiterverarbeitet. Die Qualität des Hirschhornknopfes hängt in erster Linie von seiner Oberfläche ab – sie kann glatt-poliert, geriffelt, gesprenkelt, gewellt oder geperlt sein. Oft bleibt auch ein Teil der naturbelassenen, rustikal-genarbten, dunklen Geweihborke erhalten, was gerade in Kombination mit den bearbeiteten hellen Hornstellen zu einem reizvollen Kontrast führt. An den bearbeiteten Stellen wird der natürliche Farbton des Horns durch eine transparente Lackschicht konserviert. Aus Hirschhorn werden hauptsächlich Lochknöpfe mit gesenkten Löchern, Ösenknöpfe mit Messingeinlage und Knebelknöpfe hergestellt. Diese Knöpfe werden traditionell in der Trachtenmode verwendet, kommen jedoch auch stilecht bei Jagdbekleidung oder bei Mode aus Loden oder Leder im Landhausstil zum Einsatz. Früher waren sie außerdem fester Bestandteil der Uniformen von Forstbeamten.

Diese klassischen Knöpfe sind sehr strapazierfähig und waschbeständig. Man erkennt echte Hirschhornknöpfe an der porösen Rückseite, die die natürliche Hornstruktur zeigt.

In Kombination mit Lederriemen, Schlaufen aus Tiersehnen oder geflochtenen Materialien natürlichen Ursprungs sind Lederknöpfe, teils auch mit Bestandteilen von Knochen versehen, die ältesten Vorläufer unserer heutigen Knöpfe. Früher stand jedoch nicht die klassische flache oder (halb-)kugelförmige Knopfform, wie wir sie kennen, im Vordergrund, sondern die des Knebels.

Hochwertige Lederknöpfe werden heute in der Regel aus gegerbten und anschließend mit Anilin gefärbten Häuten hergestellt. Es werden meist kleinere Stücke von Rinds-, Schweins-, Ziegen- oder auch Reptilienleder verarbeitet, die in der Möbel- und Bekleidungsindustrie in großen Mengen als Verschnitt anfallen. Diese Leder sind stets von hoher Qualität und lassen sich aufgrund ihrer bereits erfolgten Bearbeitung hervorragend zu Knöpfen weiterverabeiten.

Für deren Herstellung werden die Lederstücke zuerst in schmale Riemen geschnitten und anschließend von Hand zu Knoten geflochten, die in Stahlpressen ihre endgültige Form erhalten. Zum Schluss wird eine Metall- oder Lederöse angebracht. Diese Knöpfe werden aufgrund des Materials und ihrer besonderen Optik auch »Fußballknöpfe« genannt und sind mittlerweile eigentlich die klassischen Lederknöpfe schlechthin. Doch auch gestanzte und geprägte Lederknöpfe werden produziert. Diese werden aus gefärbten, lackierten oder kaschierten Lederhäuten gestanzt und anschließend mit Stahlstempeln verziert und geformt. Die im Stempel eingearbeiteten Muster, wie zum Beispiel eine Flechtung oder Steppnaht, übertragen sich im selben Arbeitsschritt auf das Leder-rondell. Auch der bereits erwähnte Lederknebel und die gerollten Lederknebelknöpfe sind beliebte Formen.

Knöpfe aus Leder sind sehr strapazierfähig und robust. Sie haben durch ihre angenehme, weiche Oberfläche eine hohe Anfassqualität und duften dezent. Diese Kleiderverschlüsse finden in der exklusiven, sportlichen Oberbekleidung und der traditionellen Reit- und Jagdbekleidung Verwendung.

KNOCHEN (BEIN)

Neben Horn, Holz und Leder gehörte Knochen (auch »Bein« genannt) zu den ersten Knopfmaterialien der Welt. Aufgrund seiner hervorragenden Materialeigenschaften wurden früher aus Bein Klaviertasten, Stock- und Schirmgriffe, Schach- und andere Spielfiguren, Kämme, Griffe und eben auch Knöpfe hergestellt.

Letztere wurden aus den stets problemlos verfügbaren Röhrenknochen von Pferden und Rindern produziert. Bein ist in der Verarbeitung dem Horn ähnlich, überzeugt jedoch durch seine Härte und der daraus resultierenden Robustheit. Die Knochen wurden eingeweicht, zu Platten gepresst und die daraus ausgesägten Rondelle anschließend weiterverarbeitet.

Der Beinknopf erlebte seine Blüte im 18. und 19. Jahrhundert und wurde hauptsächlich für Herrenhemden, Hosen und Wäsche eingesetzt. Nach zuvor meist einfachen, zweckorientierten Formen wurde der langlebige, preiswerte Knopf im 19. Jahrhundert zunehmend aufwändiger gestaltet, reliefiert oder mit Einlagen verziert. In späteren Jahren wurden Beinknöpfe kaum noch produziert, boten jedoch in Not- und Kriegszeiten mit allgemeiner Materialknappheit immer wieder eine gute Alternative.

ELFENBEIN

Unter Elfenbein versteht man das Zahnbein von Elefanten, Mammuts, Pottwalen, Narwalen, Walrössern und Flusspferden. Aufgrund des weltweiten Handelsverbotes aus Gründen des Artenschutzes ist dieses Material seit Jahrzehnten nicht mehr verfügbar. Früher wurde Elfenbein vor allem in Indien und Afrika durch die Elefantenjagd gewonnen. Die Stoßzähne eines erwachsenen Tieres sind etwa ein bis zwei Meter lang, wiegen bis zu 50 Kilogramm und lieferten ein hervorragend zu bearbeitendes Rohmaterial für Schnitzereien aller Art, Billardkugeln, Kämme, Klaviertasten und vieles mehr. Knöpfe aus Elfenbein blieben jedoch aufgrund der hohen Material- und Herstellungskosten stets ein exklusives Nischenprodukt.

HOLZ

Holz gehört ebenfalls zu den ältesten Knopfmaterialien überhaupt und wird bereits seit Jahrtausenden für Kleiderverschlüsse verwendet. Ob als Basis für Posamentenknöpfe, als Einlage für mehrteilige Metallknöpfe oder als ganzer Lochknopf ist Holz ein äußerst vielseitiger Werkstoff, der sich stets durch seine gute Verfügbarkeit auszeichnete. Früher wurden in Europa ausschließlich heimische Obst- und Edelhölzer, wie zum Beispiel Buchsbaum, Rose, Nuss, Kirsche, Apfel, Birne, aber auch Kastanie, Weide, Esche, Eiche, Ahorn, Ulme sowie Rot- und Weißbuche, verwendet.

Mit dem Überseehandel kamen zunehmend tropische Holzarten auf den Markt, die sich für die Knopfherstellung als äußerst geeignet erwiesen. Heute werden bevorzugt Zebrano, Palisander, Ebenholz, Mahagoni, Partridge, Teak, Olive, Sipo und Grenadil verwendet. Gerade diese Hölzer tropischen Ursprungs lassen sich hervorragend verarbeiten, splittern nicht, sind äußerst robust, pflegeleicht und zeigen optisch reizvolle Farben und Maserungen. Aufgrund strenger Auflagen verwendet die Industrie heute zertifizierte, nachhaltig angebaute Hölzer, um der Abholzung der Regenwälder entgegenzuwirken. Einige besondere Tropenhölzer, die ebenfalls zur Herstellung von Knöpfen verwendet werden, sind Satiné, Massaranduba, Bocote, Cocobolo, asiatische Eiche, Castello, Buchsbaum, Bubinga und Paduk.

Das Material wird in dünnen Holzbrettern angeliefert, mittels Kronenbohrern werden Rondelle ausgesägt, die anschließend weiterverarbeitet werden. Solche »Rohknöpfe« können auf vielfältige Art und Weise in unterschiedlichsten Arbeitsschritten bearbeitet werden. Sie werden gesägt, gedreht, gebohrt, geschnitzt, gefräst und geschliffen. Exotische Hölzer lassen sich nahezu beliebig mit anderen Materialien kombinieren, was sie zu einem der wandelbarsten natürlichen Rohstoffe für Knöpfe macht. Die leichten Holzknöpfe sind stets von angenehmer, warmer Haptik und wirken am besten mit ihrer natürlichen Maserung und Struktur. Ihre

Oberfläche wird häufig mit Lack überzogen. Diese Versiegelungen bieten einen gewissen Schutz vor Witterungs- und sonstigen Gebrauchseinflüssen. Eine Wäsche oder chemische Reinigung ist jedoch trotzdem meist nicht zu empfehlen, da die Hölzer aufquellen bzw. Gerbsäuren austreten, die die Stoffe verfärben können. Aufgrund dessen werden Holzknöpfe ausschließlich in der Oberbekleidung verwendet und häufig mit groben Strick- oder Naturmaterialien kombiniert.

BAMBUS

Für den typischen Knebelknopf, die häufigste Knopfform aus diesem Rohstoff, werden die Hauptsaugwurzeln der Bambuspflanze verwendet. Diese ist eine äußerst schnell wachsende, verholzte Grasart, die im gesamten subtropischen und tropischen Raum – hauptsächlich jedoch in Asien – heimisch ist. Die bis zu 40 Meter hohe Nutzpflanze ist vielseitig in ihrer Verwendung und wird in der Regel wie Holz verarbeitet. Sie liefert Stäbe von fünf bis 30 Millimeter Durchmesser aus denen die klassischen Knebelknöpfe gefertigt werden.

Die Oberfläche des Bambus ist mit einer natürlichen, harten Schutzschicht gegen Wurmfraß überzogen und macht das Bambusholz äußerst widerstandsfähig. Die innenliegenden dichten Kapillarstrukturen wirken Brechen und Splittern entgegen und bescheren der Pflanze eine große Flexibilität, ohne brüchig zu sein. Frisch geerntet ist Bambusholz gelblich grün, getrocknet gelblich braun. Die verdickten Wachstumsknoten bilden die Mittelstücke der Knebelknöpfe. Dazu werden die leichten, glatten Stäbe passend zugesägt und anschließend mit einer gebohrten Lochung oder einer Öse versehen. Oft werden die Knebel zur Verbesserung der Optik leicht geflammt, was einen reizvollen Hell-Dunkel-Kontrast entstehen lässt. Anschließend werden sie mit einer schützenden Lackschicht versehen, die die glänzende Oberfläche zusätzlich betont. Neben den Knebelknöpfen werden in letzter Zeit vermehrt auch klassische Lochknöpfe in einer Vielzahl von Formen aus Bambus hergestellt.

Auch hat sich der schnell wachsende Rohstoff Bambus als ökologisch vorteilhaft und dadurch sehr nachhaltig erwiesen. Das niedrige Gewicht sorgt zudem für nahezu universelle Einsatzzwecke und geringe Transportkosten. Der Bambusknopf hat eine äußerst angenehme Haptik und wird gern für Kleidung aus Strick und Popeline verwendet.

STEINNUSS

Steinnüsse haben sich über die Jahre zu einem der am häufigsten verwendeten Rohmaterialien natürlichen Ursprungs für die Knopfherstellung entwickelt. Sie sind die Samen mehrerer Arten der südamerikanischen Palmenart »Phytelephas macrocarpa«. Diese werden wegen ihres harten, elfenbeinfarbenen Inneren auch vegetabiles (= pflanzliches) Elfenbein genannt. Die Steinnusspalme wächst hauptsächlich in den tropisch warmen Bereichen Süd- und Zentralamerikas: in Panama, Peru, Kolumbien, Brasilien und Ecuador.

Die Palme trägt bis zu 20 kopfgroße, stachelige Fruchtkolben an ihrem Stamm. Ein Kolben, der auch als Schote bezeichnet wird, enthält 60 bis 80 Nüsse, die in etwa die Größe

und Form eines Hühnereis erreichen. Sie ähneln äußerlich der Kastanie. Eine dünne, ledrige Schale in Brauntönen unterschiedlicher Schattierungen und Strukturen umschließt den hellen creme-weißen weichen Kern. Dieser ist fein marmoriert und weist optisch große Ähnlichkeit zum Elfenbein auf. Getrocknet werden diese Nüsse steinhart – diese Tatsache hat der Steinnuss zu ihrem Namen verholfen – und lassen sich hervorragend weiterverarbeiten. Das Material, das weder splittert, blättert oder bricht, hält jedem Härtetest stand und liefert hochwertige Knöpfe mit feiner Struktur und hohem Gebrauchswert.

Steinnüsse wurden in ihrer Heimat schon seit Langem für kunsthandwerkliche Schnitzarbeiten genutzt und Mitte des

17. Jahrhunderts erstmals als Ballast auf Handelsschiffen aus Amerika, die ohne Fracht fuhren, eingeführt. Rasch sammelten sich in den europäischen Häfen große Mengen dieser Nüsse an und erwiesen sich als äußerst geeignet, um aus ihnen gedrechselte und geschnitzte Gebrauchsgegenstände wie beispielsweise Schirmgriffe, Spielfiguren, Würfel und Pfeifenköpfe herzustellen. Diese ähnelten optisch verblüffend dem nur schwer verfügbaren und sehr teuren Elfenbein und wurden im großen Stil für preiswerte Imitate genutzt. So wurden Steinnüsse eher zufällig auch zum Rohmaterial für die Knopfproduktion.

Zur Herstellung von Knöpfen werden die Nüsse geschält, getrocknet und mindestens sechs Monate gelagert. Anschließend werden sie in Scheiben gesägt, aus denen Knopfrondelle ausgebohrt werden, die dann weiterverarbeitet werden. Als letzter Schritt werden die Knöpfe eingefärbt, wodurch die charakteristische Marmorierung der Knöpfe besonders schön hervortritt. Doch auch der elfenbeinfarbene, in sich gemaserte Naturton von Steinnüssen hat aufgrund seiner ausdrucksstarken Schattierungen einen besonderen Reiz. Moderne Techniken wie beispielsweise Lasergravuren und Prägungen ermöglichen reizvolle Verzierungen und innovative Designs.

Knöpfe aus Steinnuss sind robust, reinigungsbeständig, waschecht, pflegeleicht und zeichnen sich neben einer hohen haptischen Qualität auch durch eine sehr gute Ökobilanz aus.

Metallknöpfe werden hauptsächlich aus Zinklegierungen, seltener aus Aluminium oder Messing, mittels Druckguss hergestellt. Das Rohmetall wird durch Arbeitsschritte wie Gießen, Schmieden und Walzen weiterverarbeitet. Zinkdruckgussknöpfe aus ZAMAK (Feinzinklegierungen aus Zink, Aluminium, Magnesium und Kupfer) werden unter hohem Druck in wassergekühlten Hohlformen aus Stahl gegossen, die ein genaues räumliches Negativ des zu gießenden Knopfes sind. Seine Oberflächenstrukturen werden dabei exakt ausgebildet und müssen kaum nachgearbeitet werden. Die fertigen Knöpfe sind massiv und von hohem Gewicht. Sie wirken wie Münzen und werden auch häufig als solche gestaltet. Im Zinkdruckgussverfahren werden meistens Ösenknöpfe hergestellt, wobei die Öse direkt mit dem Guss ausgeformt wird. Ein ähnliches Produktionsverfahren ist der Schleuderguss. Hier wird das Metall in eine zweiteilige rotierende Form aus Gummi gegossen.

Die Oberfläche von Metalldruckgussknöpfen lässt sich gut galvanisieren, also z. B. vergolden, versilbern oder verkupfern. Besonders bei Knöpfen für Trachtenmode sind künstlich gealterte Strukturen gefragt. Ein Korrosionsschutz ist durch einen Überzug (Elektroplattierung) aus Kupfer, Nickel oder Chrom möglich. Die robusten Knöpfe aus Vollmetall sind licht-, wasch- und bügelbeständig. Ihr charakteristisches hohes Gewicht macht sie jedoch für leichte Stoffe ungeeignet, daher werden sie in erster Linie für schwere Obermaterialien eingesetzt.

Gestanzte Metallknöpfe, auch Kalotzknöpfe genannt, werden aus Messing (eine Legierung von 85 % Kupfer und 15 % Zink), Neusilber (64 % Kupfer, 24 % Zink und 12 % Nickel) oder Aluminium hergestellt. Das Rohmaterial besteht aus dünn gewalzten Blechen, die bereits in kaltem Zustand leicht formbar und korrosionsbeständig sind. Sie werden mittels spanloser Techniken wie Stanzen, Schneiden, Biegen, Ziehen, Bördeln, Pressen, Prägen und Polieren weiterverarbeitet.

Der gestanzte mehrteilige Metallknopf besteht aus einem Oberteil (Schale oder Kalotte), das gewölbt oder flach geformt ist, und einem Unterteil (Scheibe), an dem sich eine Öse (geprägt oder als Drahtschlaufe eingesetzt) befindet. Der sichtbare Teil des Knopfes ist die Schale, die durch unterschiedliche Stanz- und Prägeverfahren mit Dekoren, Motiven oder Facetten versehen wird. Diese wird nach dem Prägen durch Bördeln mit dem Unterteil verbunden. Im Inneren des Knopfes befinden sich teilweise Füllungen aus Gips, Pappe oder anderen Materialien. Die fertigen Knöpfe wirken wuchtig, sind aber durch ihre Hohlform leicht und gleichermaßen robust.

Ihre Oberfläche lässt sich lackieren sowie galvanisch veredeln. Weiterhin können die Knöpfe durch Beizen, Bürsten oder Schleifen eine antik anmutende Oberflächenstruktur mit interessanten Effekten erhalten. Auch Kombinationen mit anderen Materialien lassen optisch reizvolle Knöpfe entstehen – Perlmutt, Glas, Holz und Kunststoffe eignen sich hierfür besonders gut. Der mehrteilige Metallknopf ist leicht, widerstandsfähig sowie licht-, wasch- und reinigungsbeständig. Aufgrund seiner Optik besteht bei den gestanzten Metallknöpfen häufig Verwechslungsgefahr mit Zinkdruckgussknöpfen oder galvanisierten Kunststoffknöpfen (ABS). Man erkennt die gestanzten Knöpfe jedoch leicht an den produktionsbedingten charakteristischen Löchern auf der Rückseite. Sie gehören zur mittleren Preislage und werden vor allem als Uniform-, Mantel-, Jacken-, Blazer- und Trachtenknopf verwendet.

POSAMENTE

»Posamente« ist ein relativ weit gefasster Sammelbegriff für textile Erzeugnisse wie Bordüren, Borten, Schnüre, Quasten, Litzen, Tressen und andere Besatzteile für Kleidung, Möbel und dekorative Innenausstattungen.

Posamente werden auch zum Besatz von sogenannten Posamentenknöpfen verwendet. Diese bestehen aus einem schlichten Ober- und einem Unterteil. Diese Basis ist häufig aus Kunststoff oder Metall, ursprünglich jedoch aus Holz und mit einer Öse versehen. Die Grundform des sichtbaren oberen Knopfteils ist oft ring- oder tellerförmig und wird mit textilen Fäden, Flechtungen und Geweben überzogen, umsponnen, umhäkelt, umwickelt, bestickt, beklebt oder anderweitig verziert. Zum Schluss werden das Ober- und das Unterteil des Knopfes durch Pressen, Bördeln oder Kleben zusammengefügt.

Als Posamentiermaterialien können neben fertigen Litzen und Bändern aus Rohstoffen wie Wolle, Baumwolle, Kamelhaar, Viskose, (Kunst-)Seide etc. je nach Art des Knopfes auch zusätzliche Dekorationselemente wie zum Beispiel Perlen, Strasssteine und Pailletten verwendet werden. Die meisten Posamentenknöpfe sind wuchtig und recht dick. Günstige Varianten bestehen hingegen aus maschinell gefertigten »Einfach-Posamenten«, die auf simple Kunststoffknöpfe geklebt werden.

Echte – manuell gefertigte – Posamentenknöpfe zieren aufgrund ihrer hohen Material- und Produktionskosten ausschließlich exklusive Kleidungsstücke und sind stets ein ganz besonderer Blickfang.

ZWIRN

Zwirn ist eine besonders haltbare und reißfeste Textilie, die aus mehreren zusammengedrehten Garnen aus festem Leinen- oder Baumwollfaden besteht. Er dient als Material für den Zwirnknopf, der auch »übersponnener Knopf« genannt wird. Dieser hat einen schwach gezahnten Metallring als Basis, um den strahlen- bzw. sternförmig der Zwirnsfaden geführt wird, bis sich durch die in der Mitte zusammenlaufenden Fäden eine geschlossene Fläche mit einer optisch reizvollen Struktur ergibt. Eine zentrale Verdickung des Garnes dient zur Befestigung am Wäschestück. Dieser in sich gemusterte Knopf wurde früher von Hand und oft in Heimarbeit hergestellt. Die englischen Hugenotten hatten sich im 18. Jahrhundert auf Zwirnknöpfe spezialisiert und verkauften sie bis ins 19. Jahrhundert hinein erfolgreich in alle Welt. Als im Zuge der Weltausstellung im Jahr 1851 der maschinell produzierte Leinenknopf mit vergleichbaren Materialeigenschaften patentiert wurde, war die manuelle Herstellung von Garnknöpfen nicht mehr konkurrenzfähig.

Da er aufgrund seiner robusten Eigenschaften bei hohen Temperaturen waschbar war und auch in der Mangel keinen Schaden nahm, wurde er lange als Wäscheknopf verwendet. Aus diesem Grund finden wir ihn fast ausnahmslos in Weiß. Heute hat ihn der Lochknopf aus Kunststoff abgelöst, der zu einem Bruchteil der Kosten mit identischem Gebrauchswert hergestellt werden kann.

LEINEN UND LEINWAND

Leinen oder Leinwand, aber auch vergleichbare Stoffe aus Baumwolle, sind zentraler Bestandteil eines typischen Wäscheknopfes, des Leinwandknopfs. Dieser hat zwei dünne Zinkplättchen als Kern, die mit Stoff überzogen, mit einer starken Papp- oder Stoffeinlage versehen und dann zusammengepresst werden. Anschließend werden in den Knopf zwei Lochnieten eingestanzt. Auch diese Knöpfe sind aufgrund ihres Einsatzzweckes typischerweise weiß, extrem robust, pflegeleicht, kochfest und damit geradezu ideal für Wäsche aller Art. Leider ereilte sie nach vielen Jahren dasselbe traurige Schicksal wie die Zwirnknöpfe, die ehemals vom Leinenknopf abgelöst wurden – auch sie wurden durch günstige Kunststoffknöpfe ersetzt.

Die Rohstoffe für die Herstellung von Glas sind Pottasche, Quarzsand, Soda und Kieselerde. Metallbestandteile unterschiedlicher Art werden zur Färbung des Glases hinzugefügt. Das so entstandene Gemisch wird bei einer Temperatur von 1400-1600 °C geschmolzen und zu Glasstäben gezogen, die je nach Zusammensetzung transparent, durchgefärbt oder strukturiert sein können. Sie sind etwa einen Meter lang, in allen Farben verfügbar, haben einen Durchmesser von drei bis vier Zentimeter und bilden in dieser Form das Rohmaterial für die Herstellung unterschiedlichster Artikel aus Glas – unter anderem auch für Knöpfe. Für deren Produktion werden die Stangen auf ca. 900-1200 °C erhitzt, bis sie formbar sind. Nun lässt sich das weiche Glas mit speziellen Zangen, in deren Vorderteil die Form des Knopfes im Negativ eingraviert ist, ein- bzw. abkneifen und anschließend weiter ausformen. Auf diese Weise entsteht ein Glasstreifen, in den sich die gewünschte Form hineingedrückt hat. Anschließend werden die fertigen Knöpfe aus dem Streifen geschnitten. Sie haben die Farbe und Materialstruktur der verwendeten Rohglasstange und werden von überstehenden Glasresten sowie dem seitlichen Grat befreit.

Es folgt die Oberflächennachbehandlung durch Bedampfen, Ätz-Mattierung, Vergoldung, Bemalung, Schliff, Druck oder Gravur. Oft wird der Glasknopf auch mit anderen Materialien in unterschiedlichster Art und Weise kombiniert. Seine große Materialvariabilität macht den Glasknopf zu einem sehr wandlungsfähigen Kleiderverschluss. Erkennbar

sind Knöpfe aus Glas an ihrem hohen Gewicht, ihrer Härte, einer gewissen Kühle des Materials und der meist angeformten Öse auf der Rückseite. Sie sind robust, kochfest sowie wasch- und reinigungsbeständig. Aufgrund ihres Gewichtes sind größere Glasknöpfe nicht für leichte Stoffe geeignet, werden jedoch gern in der Damenoberbekleidung verwendet.

STRASS

Strassknöpfe werden aus einer Metallbasis gefertigt, die mit Schmucksteinen verziert wird. Strass- oder auch Kristallsteine sind Edelsteinimitationen, die Mitte des 18. Jahrhunderts von dem elsässischen Goldschmied Georg Friedrich Strass in Paris entwickelt wurden und sich rasch als gefragte Modeartikel etablierten.

Strasssteine werden auch »künstliche Diamanten«, »Simili« oder »Swarovski-Steine« (nach einem bekannten Hersteller) genannt. Sie werden aus Bleiglas hergestellt, das in facettierten Formen produziert und rückseitig mit einer spiegelnden Schicht überzogen wird. Diese führt in Verbindung mit der Facettierung zu einer beeindruckenden, oft beinahe brillantartigen Lichtbrechung. Strasssteine können in allen Farben und Formen hergestellt werden und sind zwischen einem und 30 Millimeter groß. Sie werden häufig in unedlen, versilberten oder vergoldeten Blechen gefasst oder bei preiswerteren Varianten auch in die Fassungen geklebt. Die Oberfläche von Strasssteinen lässt sich mit Metalloxiden in verschiedenen Farben bedampfen.

Strassknöpfe haben ein relativ hohes Gewicht, die Steine

werden jedoch auch häufig mit anderen Materialien kombiniert. Die leichtere Variante des Strasssteins besteht aus Kunststoff statt Glas, was zwar das Gewicht reduziert, die Leuchtkraft der Steine jedoch leider ebenfalls. Oft findet man sie als Besatz an Abendgarderobe, Tanzkleidern und Kostümen, aber auch an herkömmlichen modischen Kleidungsstücken.

JET

Der natürliche Werkstoff Jet – auch Gagat, schwarzer Bernstein oder Pechkohle genannt – ist fossiles Holz, das sich in einem Übergangsstadium von der Braunkohle zur Steinkohle befindet. Jet ist leicht zu verarbeiten, schleifbar und auch hervorragend polierbar. Seine Oberfläche ist danach hoch glänzend, glatt und seidig-schwarz und erscheint glasartig. Aufgrund dieser Materialeigenschaften eignet sich Jet sehr gut für die Herstellung von Schmuck und Knöpfen, die häufig edelsteinartig facettiert werden. Das Material wurde bereits in vorgeschichtlicher Zeit für Schnitzarbeiten und Schmuck verwendet und erreichte seine größte Verbreitung gegen Ende des 19. Jahrhunderts, als Artikel aus Jet groß in Mode waren. Stilprägend dafür waren der schwarze Trauerschmuck und die dazu passenden Knöpfe von Queen Victoria von England, die sie nach dem Tode ihres Mannes trug. Nachdem die Jet-Vorkommen aufgrund der großen Nachfrage stetig weniger wurden und es Engpässe in der Materialbeschaffung gab, kamen zunehmend Imitationen aus den unterschiedlichsten Materialien auf. Häufig wurden gefärbtes Glas, Ebonit (Hartgummi), Onyx, gefärbter Achat oder später erste Kunststoffe statt des immer teurer werdenden Jets eingesetzt. Diese Materialien erwiesen sich als deutlich besser verfügbar und günstiger, sodass Jetknöpfe heutzutage zu einer echten Rarität geworden sind.

GALALITH

Galalith ist ein halbsynthetischer Kunststoff, der zu den Duroplasten gehört. Er wird aus Kasein, einem Milcheiweiß, das in quarkartiger Konsistenz aus Magermilch gewonnen, getrocknet und zu feinen Körnern vermahlen wird, und einer Formaldehydlösung hergestellt. Nach Zugabe der Chemikalien vernetzen sich die Proteine, eine chemische Veränderung ist die Folge und ein Kunststoff entsteht. Dabei nimmt das Kasein eine hornartige Struktur an und wird daher auch »Kunsthorn« genannt.

Der Name »Galalith« etablierte sich Anfang des 20. Jahrhunderts und wurde zur geschützten Markenbezeichnung. Er leitet sich aus den griechischen Wörtern »gala« für »Milch« und »lith« für »Stein«, also »Milchstein« ab. Der Kunststoff lässt sich in Arbeitsschritten wie Sägen, Bohren, Drehen und Fräsen leicht bearbeiten. Weiterhin lässt sich Galalith gut kleben und auch bedrucken. Bei 100 °C wird es verformbar, was weitere Gestaltungsschritte ermöglicht. Diese Eigenschaften machten Galalith zu Beginn des 20. Jahrhunderts zu einem geradezu revolutionären Material für die Herstellung von Knöpfen, Griffen, Figuren und anderen Gebrauchsgegenständen. Heute werden Knöpfe aus Galalith nicht mehr hergestellt, da vollsynthetische Kunststoffe deutlich günstiger sind und sich durch bessere Pflegeeigenschaften auszeichnen.

ACETAT

Acetat ist ein durch chemische Prozesse aus Zellulose hergestellter Kunststoff natürlichen Ursprungs. Aus ihm wurden neben Knöpfen auch Brillen, Würfel oder Stoffe (Kunstseide) hergestellt. Für die Knopfproduktion wurde Acetat in Form von Platten (u. a. auch Abfälle aus der Herstellung von Brillengestellen) verwendet, aus denen die Rondelle ausgesägt wurden. Auch das Spritzgussverfahren kam häufig zur Anwendung. Anschließend wurden die Knöpfe weiterverarbeitet. Sie überzeugten zusätzlich zur Lichtechtheit, der glänzenden Oberfläche und Wärmebeständigkeit durch ihr geringes Gewicht und ihre Transparenz. Acetat wurde ebenfalls aus Kostengründen durch vollsynthetische Kunststoffe abgelöst und spielt in der Knopfindustrie heute keine Rolle mehr.

UREA

Ureaknöpfe (Knöpfe aus Harnstoffpressmasse) gehören neben denen aus Galalith zu den ältesten Kunststoffknöpfen und ihre Herstellung galt in den Firmen lange als Betriebsgeheimnis. Das Grundmaterial waren helle Rinderhufe, die gereinigt, gebleicht, getrocknet und zu einem feinen Pulver zermahlen wurden. Dieses wurde unter Zusatz von Harnstoffkleister zu einer einfärbbaren Masse weiterverarbeitet, die nach zahlreichen weiteren Arbeitsschritten zu Knöpfen ge-

presst wurde. Da eine Politur oder weitere Oberflächenbehandlung nicht notwendig war, mussten in die Rohlinge nur
noch die Knopflöcher hineingebohrt werden.

Auch konnte ohne Materialverluste gearbeitet werden, was
Harnstoffpressmasse früher zu einem der am effizientesten zu
verarbeitenden Ausgangsmaterialien für die industrielle
Massenproduktion machte. Die Knöpfe waren sehr preiswert,
farbecht, wasch- und reinigungsbeständig und kamen in unterschiedlichsten Bereichen zum Einsatz, mussten jedoch
später ebenfalls Knöpfen aus moderneren, vollsynthetischen
Kunststoffen weichen.

KUNSTSTOFFE AUS PRESSMASSE

Kunststoffe aus Pressmasse basieren oft auf unterschiedlichen
Rohstoffen. Der bekannteste ist sicher die Phenolharz-Press-
masse mit dem Markennamen »Bakelit«, die bis in die 1960er-
Jahre einer der wichtigsten Kunststoffe überhaupt war, heute
jedoch nicht mehr hergestellt wird. Er besteht aus Phenolhar-
zen, die mit Sägespänen, Asbest, Steinmehl und anderen Füll-
stoffen vermischt und in die jeweilige Form gepresst wurden.
Andere Materialien sind beispielsweise Melaminharz-Press-
masse und Harnstoffharz-Pressmasse. Diese Kunststoffe gehören zu den Duroplasten, sie sind also nicht schmelz- oder
thermisch erweichbar und Produkte der petrochemischen
Industrie, die auf Erdöl oder Kohle basieren. Bei der Produktion von Knöpfen werden bereits eingefärbte Rohmaterialien
verwendet, die bei Temperaturen von 140-180 °C in die gewünschte Form gepresst werden. Die Knöpfe fallen fertig aus

der Form und eine Oberflächenbehandlung ist nicht notwendig, was die Preise niedrig hält. Die Produktion ist sowohl schnell als auch äußerst präzise und verlustfrei, was Pressmassen zu perfekten Werkstoffen für preiswerte Industrieprodukte macht. Knöpfe aus Pressmasse haben eine äußerst robuste, harte Oberfläche, sind farbecht, formbeständig, reinigungs-, wasch-, koch- und bügelfest und halten so selbst großen Beanspruchungen mühelos stand.

KUNSTSTOFFE AUS POLYESTER

Auch Polyester sind Duroplaste und gehören zu den härtenden oder härtbaren Kunststoffen. Es sind äußerst vielseitig einsetzbare Materialien, aus denen – neben Knöpfen – zahlreiche Gegenstände des täglichen Gebrauchs hergestellt werden. Polyester werden hauptsächlich aus Erdöl gewonnen und je nach Einsatzzweck mit Beimischungen sowie Farbe versehen.

Mit diesen Kunststoffen lassen sich fast alle gängigen natürlichen Materialien, aus denen Knöpfe produziert werden, imitieren, was sie aufgrund ihrer vielfältigen Optik und der hervorragenden Gebrauchseigenschaften zu einem der bevorzugten Ausgangsmaterialien der Knopfhersteller macht. Häufig werden gegossene Polyesterstangen, deren Durchmesser bereits den Knopfgrößen angepasst sind, oder Polyesterplatten verwendet. Dieses Rohmaterial lässt sich sägen, drehen, fräsen, bohren und färben. Durch die enorme Vielfalt an Halbfertigprodukten aus Polyester und die unterschiedlichen Bearbeitungsverfahren können Knöpfe aus dieser Art

Kunststoff in allen beliebigen Formen, Farben und Strukturen kostengünstig hergestellt werden. Sie lassen sich bedrucken, prägen, gravieren und polieren. Gegenüber dem Spritzgussknopf hat der Polyesterknopf eine gefälligere Form und ist frei von Produktionsspuren wie Trennnähten oder Auswerferabdrücken. Knöpfe aus Polyester sind sehr robust, haben einen hohen Nutzwert und werden sowohl als Wäscheknopf als auch in allen Bereichen der Bekleidungsindustrie verwendet.

Thermoplastische Kunststoffe, wie z. B. Polyamide (Markenname »Nylon«) und Polystyrole, werden vor allem zur Herstellung von Kunststoffspritzgussknöpfen verwendet. Das Ausgangsmaterial ist synthetisch und wird durch chemische Prozesse u. a. aus Kohle und Erdöl gewonnen. Thermoplaste lassen sich durch hohe Temperaturen erweichen und ohne Abfälle in jede beliebige Form bringen. Das Rohmaterial für die Knopfproduktion sind Kunststoffgranulate, die unter Wärmeeinwirkung von 90-250 °C in Spritzgussmaschinen zu Knöpfen verarbeitet werden.

Neben Polyamiden und Polystyrolen hat insbesondere das Mischpolymerisat ABS aus Acrylnitril, Butadien und Styrol eine große Bedeutung in der Knopfherstellung. Dieses Material kann galvanisch oder durch Bedampfen mit einer dünnen Metallschicht überzogen werden. So entstehen hauchdünne Metalloberflächen, die die Kunststoffknöpfe wie hochwertige aus massivem Metall oder sogar Edelmetall wirken lassen.

Grundsätzlich lassen sich Spritzgussknöpfe aus Kunststoff in allen Farben und Formen produzieren. Sie sind stets von niedrigem Gewicht und erkennbar an einer Einspritzstelle auf der Rückseite oder am Rand bzw. an den Auswerferabdrücken der Maschinen. Durch die vielfältigen Verfahren der Oberflächenbehandlung und die Kombination mit anderen Materialien entstehen die unterschiedlichsten Knopfvarianten.

Mit exotischen Knopfmaterialien sind an dieser Stelle die wirklich exotischen Rohmaterialien gemeint. Schließlich wurden im Laufe der Jahrtausende schon aus nahezu allen festen Materialien Knöpfe hergestellt, die größtenteils als handwerkliche Unikate entstanden. Vom steinzeitlichen Knochenknebel bis hin zum diamantbesetzten Manschettenknopf aus purem Gold – es gibt eigentlich nichts, was es nicht gibt.

Hier eine Aufzählung der kuriosesten Materialien, die man sicherlich nicht sofort mit Knöpfen in Verbindung gebracht hätte: Antilopen-, Gazellen-, Giraffen- und Rhinozeroshorn, Schlangenhaut, Rochenleder, Haifischzähne, Korallen, Schalen der Kokosnuss, Perlen, Obstkerne, Nüsse, Kartoffelfasern und -stärke, Pappmaché, Zellulose, Papier, Pappe, Aluminium, Eisen, Gold, Silber, Edelsteine, Marmor, Lavagestein, Granit, Speckstein, Gummi, Zelluloid, Ton, Keramik, Porzellan, Emaille, Draht, Schreibmaschinentasten, Propellerholz, Plexiglas von Windschutzscheiben – um nur einige zu nennen.

Da die Knopfherstellung von jeher ein äußerst innovativer und kreativer Wirtschaftzweig war, gab und gibt es laufend neue Knopfdesigns in zahllosen Varianten und aus immer wieder neuen Rohstoffen.

GESCHICHTE

Die lange und glanzvolle Geschichte des Knopfes ist eine in höchstem Maße wechselvolle und ebenso spannende Angelegenheit, förmlich gespickt mit viel Kuriosem, Wissenswertem und immer wieder höchst Erstaunlichem.

Sie reicht von den Grabfunden aus der Jungsteinzeit über die ersten Metallknöpfe der Bronzezeit, wie »Ötzi« sie getragen hat, über die (nicht immer in ihrer Funktion eindeutig zuzuordnenden) der Griechen und Römer, den orientalischen Knöpfen im Gepäck der Kreuzfahrer, den aufwendig gestalteten der Renaissance, den prächtigen Edelsteinknöpfen des Barock, den ersten maschinell hergestellten Massenartikeln zu Zeiten der Industrialisierung, den fantasievollen des Jugendstils, den improvisierten Knöpfen in Kriegszeiten bis hin zu der unglaublichen Vielfalt an Knöpfen aus den verschiedensten Materialien unserer Zeit.

Hätten Sie zum Beispiel gewusst, dass die Erfindung des Knopfes älter ist als die des Rades, das erst seit ca. 6000 Jahren das Leben der Menschen erleichtert? In der letzten Eiszeit, als der Knopf hinsichtlich der im wahrsten Sinne des Wortes eisigen Temperaturen sicher eine praktische Sache gewesen wäre, war er leider noch nicht erfunden.

Runde, knopfartige Objekte aus geschliffenem und gebohrtem Felsgestein mit geometrischen Mustern verziert und teils mit einer Öse auf der Unterseite versehen sind aus der Zeit um 4000 v. Chr. in Nordeuropa erhalten. Höchstwahrscheinlich hatten sie eine rein schmückende Funktion, zeigen jedoch alle Merkmale unseres heutigen Knopfes.

Ebenfalls bearbeiteten Stein als Grundmaterial haben flache, mit Stoff bezogene Knöpfe, die aus Funden koptischer Gräber aus der Zeit um 4500 bis 4000 v. Chr. in Ägypten stammen. Sie dienten vermutlich als Zeichen des Wohlstandes, der sozialen Stellung und der Repräsentation. Dieser Zweck trat offenbar immer mehr in den Vordergrund, denn der Gebrauchsknopf im Sinne einer »Verschlusssache« geriet in Europa bis ins Mittelalter hinein mehrmals fast vollständig in Vergessenheit.

Aus der Mongolei hingegen sind Hornknöpfe aus der Zeit um 5000 v. Chr. erhalten, die nachweislich auch später noch zum Verschließen von Felljacken und -überwürfen verwendet wurden. Funde aus der Jungsteinzeit, die meist aus Grabbeigaben stammen, belegen die Existenz von frühen knopfartigen Kleiderverschlüssen bzw. Zierknöpfen. Sie bestanden meist aus Knochen oder Holz und wurden in Knebelform durch eine Schlinge aus Tiersehnen, ähnlich dem Verschluss unseres heutigen Dufflecoats, geschoben.

Eindrucksvolle Funde aus der Zeit der Jungsteinzeit befinden sich im Landesmuseum für Vorgeschichte in Halle/Saale und sind dort im Rahmen einer Ausstellung der Öffentlichkeit zugänglich. Auch die mit Mustern verzierten sowie mit einfachen bzw. doppelten Lochungen versehenen Beinknöpfe der Bernburger Kultur, gefunden bei Quenstedt in Sachsen-Anhalt, sehen unseren heutigen Knöpfen verblüffend ähnlich. Bei Schafstädt im Saalekreis wurde ein erhaltener (Zier-?)Knopf gefunden, aus Muschelschale geschnitzt und mit einer Doppelbohrung und eingeritzten bzw. gebohrten Mustern gestaltet, der in die Schnurkeramische Kultur (Kulturkreis der Kupfersteinzeit, 2800 bis 2200 v. Chr., Übergang vom Neolithikum zur Bronzezeit) datiert wurde. Aufgrund der Größe von 8,8 × 6,3 cm wird das Fundstück als Brosche – also als Zierknopf – bezeichnet. Es ist jedoch nicht auszuschließen, dass es nicht auch als Kleiderverschluss verwendet wurde.

Geschnitzte Knochen- und Hornnadeln mit unterschiedlich gearbeiteten Köpfen, die offenbar ebenfalls zum Verschließen von Kleidung genutzt wurden, werden in Halle ebenfalls gezeigt und belegen das breite Spektrum kleidsamen Zierrats der damaligen Zeit.

Als die Menschen Mitteleuropas im 3. Jahrtausend v. Chr. die Metallverarbeitung perfektionierten und zunehmend auch Gebrauchsgegenstände aus Bronze herstellten, kamen auch erste Knöpfe aus diesem Material auf. Bronze ist eine Legierung aus Kupfer und Zinn und erwies sich als ein sehr praktikabler Werkstoff für die Dinge des täglichen Gebrauchs.

Dänische Funde zeigen z. B. Doppelknöpfe aus Bronze und Bernstein. Sie ähneln vom Grundprinzip her den heutigen Manschettenknöpfen und bestehen aus zwei durch einen Steg miteinander verbundenen Scheiben, die als Verschluss verwendet wurden. Auch glockenförmige Knöpfe mit einer Öse, die auf einen Knopf in seiner heutigen Funktion hindeuten, sind erhalten geblieben.

Keltische Grabfunde in Österreich und in Böhmen zeigen

bereits eine deutliche Weiterentwicklung der Verzierungen und eine große Formenvielfalt. Die neuen Techniken der Metallverarbeitung durch Schmieden und erste, einfache Verfahren der Gusstechnik setzten sich zunehmend durch.

An vielen Orten wurde jedoch noch immer nichts geknöpft, geknotet, geschlungen, geklemmt, genietet, gefibelt oder geschnallt: Ein einfacher gewebter oder geflochtener Gürtel aus Wolle, Flachs oder anderem pflanzlichen oder tierischen Material musste zum Zusammenhalten der noch simplen Kleidung ausreichen. Doch der Siegeszug des Metalls war nicht mehr aufzuhalten. Seit der Eisenzeit entstand immer mehr Schmuck aus den neuen Rohmaterialien. Der Knopf war zu dieser Zeit häufig ein reines Schmuckelement an der Kleidung und diente oft eher als Zierrat statt als zweckorientierter Verschluss. Diese Funktion hatten auch kleine Bronze- und Beinknöpfe, die neben der Oberbekleidung auch an den Riemenbeschlägen von Pferdegeschirren und an Schuhen zu finden waren.

Im antiken Ägypten wurde die Kleidung ebenfalls ursprünglich mit farbigen Schärpen oder Gürteln zusammengehalten. Es gibt jedoch einen spektakulären Fund, datiert um 2500 v. Chr., der einen kleinen grünen schlicht glasierten Knopf zeigt, der unseren heutigen Kleiderverschlüssen verblüffend ähnelt. Auch ein Knopf aus Glaspaste aus der Zeit Ramses II. (1500 v. Chr.) ist erhalten geblieben. Andere altägyptische Knöpfe aus Bein mit Reliefprägungen, aus geschwärztem Kalkstein, glasiertem Ton und Porzellan, geschliffenem Amethyst sowie Lapislazuli und Goldblech zeugen von der immensen Kunstfertigkeit der damaligen Künstler und Handwerker. Die Funktion dieser Objekte konnte jedoch nicht abschließend geklärt werden; vermutlich dienten auch sie in erster Linie als Zierde, Würdeabzeichen, Statussymbol sowie als Schutz- oder Glücksbringer. Ein Amethyst (griech. »nicht betrunken«) in Form eines Knopfes an der Kleidung sollte übernatürliche Kräfte und Standfestigkeit verleihen – und, wie es der Name des Steins verrät, auch vor Trunkenheit schützen.

Funde aus dem römischen Ägypten belegen für die knopfartigen Objekte auch die Funktion als Siegelstempel zum Signieren der damals gebräuchlichen Lehmurkunden. Er war also gleichermaßen Zierknopf, Ordensknopf und Siegel in einem – ähnlich dem noch heute bekannten Siegelring. Man findet auch immer wieder (Zier-)Knöpfe aus Ton, glasierter Keramik und Goldblech an den Leintüchern der Mumien: Den kleinen Objekten wurde also offensichtlich eine erhebliche Bedeutung beigemessen, denn sie begleiteten die Verstorbenen sogar ins Jenseits.

Als die Hebräer, Kreter und Perser ihre Gewänder ebenfalls noch in der Taille schnürten, rafften die Griechen ihre faltenreichen, bodenlangen Gewänder, bestehend aus dem Untergewand »Chiton« und dem Obergewand »Himation«, auf der rechten Schulter mit einer Metallfibel zusammen. Dies war notwendig, da diese Kleidungsstücke noch nicht im heutigen Sinne »angezogen«, sondern lediglich übergezogen oder -geworfen bzw. umgehängt wurden. Die Fibel diente also zur Stabilisierung. Sie war eine einfache, einer verzierten Sicherheitsnadel ähnliche Gewandklammer, die auch bei den Römern zum Schließen des Untergewandes »Tunika«, des Obergewandes »Toga« sowie Prachtgewändern und mantelartigen Überwürfen verwendet wurde.

Auch die Agraffe, eine broschenartige Schmuckschließe, der meist ebenfalls verzierten Fibel oder der einfacheren Gewandnadel verwandt, diente zum Zusammenhalten von zwei Textilien oder Kleidungsstücken. Sie war meist an einem Stoffteil befestigt und wurde mittels eines Hakens oder einer Öse mit dem gegenüberliegenden Teil verbunden, konnte jedoch vom Kleidungsstück abgenommen werden und ähnelt in ihrer Funktion durchaus den Vorläufern unserer Knöpfe.

Ab dem 7. Jahrhundert v. Chr. sind aus griechischen Funden halbkreisförmige Kahn-, Platten-, Drachen- und Bogen-fibeln erhalten, die oft sogar doppelt, also auf beiden Schultern, getragen wurden. Diese später immer aufwendiger und reicher verzierten Verschlüsse gehören zu den ältesten erhaltenen Schmuckstücken jener hochentwickelten Kulturen. Sie waren die gebräuchlichsten Gewandverschlüsse ihrer Zeit und waren sowohl im Mittelmeerraum, als auch später bei den Bewohnern Nordeuropas, in Gebrauch.

Aufgrund der durchaus praktikablen Verschlusstechniken für die Gewänder der Antike hielt sich die Notwendigkeit eines Knopfes in Grenzen und das vollständige Fehlen eines Wortes für »Knopf« in der altgriechischen Sprache gilt als sicheres Indiz dafür, dass Knöpfe in ihrer heutigen Funktion damals nahezu unbekannt waren oder vielleicht auch einfach anders bezeichnet wurden.

Interessanterweise zeigen zahlreiche griechische und römische Darstellungen auf Vasen oder Statuen knopfartige Gebilde unterschiedlichster Art, die offenbar zu Schmuckzwecken mit der Kleidung verbunden wurden. Neben vereinzelten Gewandknöpfen, die durch Schlaufen geknöpft wurden, gibt es Funde antiker griechischer Sandalen, datiert auf die Zeit um ca. 600 v. Chr., die mit zahlreichen kleinen Metallknöpfchen und -schnallen besetzt sind. Aufsehenerregende Funde dieser Art – kleine Knöpfe aus (Edel-)Metall, juwelenverzierte Schnallen und den Knebelverschlüssen ähnliche Stangenknöpfe – wurden auch bei archäologischen Ausgrabungen in Troja entdeckt.

Die Römer verwendeten neben Zierknöpfen aus Blei, geschliffenem Achat, Knebelknöpfen aus Bein und Glas, versilberten Metallkügelchen und Scheiben mit Einlegearbeiten aus Emaille offenbar vereinzelt auch echte Gebrauchsknöpfe, die im heutigen Sinne als Kleiderverschluss dienten. Die »Tutuli«, halbkugelförmige römische Bronzeknöpfe, wurden offenbar nur im kalten Norden des riesigen Imperiums verwendet, wo man sich mittels der damit verschlossenen warmen Umhänge vor der für die Römer ungewohnten Kälte schützte. Da das Knopfloch noch lange nicht erfunden war, dienten nach wie vor Schlingen, Ösen, Bänder oder Schnüre als Gegenhalt, durch den die Knöpfe gesteckt wurden oder der um die Knöpfe geschlungen wurde. Auch die Germanen dieser Zeit kannten den Knopf, meist geschnitzt aus Bein, später zunehmend auch aus Metall. Er diente jedoch in erster Linie als schmückender Besatz an der Kleidung.

Die Schnalle des breit gewebten Gürtels, der die Gewänder zusammenhielt, wurde zunehmend prunkvoller und auch die kunstvoll verzierten Gewandnadeln, -haken, -spangen und -schnallen, die Fibeln oder Agraffen, die die Umhänge aus Fellen, Pelz oder Leder unter dem Kinn zusammenhielten, entwickelten sich zu immer kostbareren Schmuckstücken. Bis ins Mittelalter hinein änderte sich die spätantike Kleidung nicht grundlegend und damit auch nicht deren Verschlüsse.

Weitere Urformen unseres heutigen Knopfes sind kleine Plättchen bzw. Halbkugeln, die unter den Stoff des Gewandes gelegt, mit Bändern umschlungen und so in das Kleidungsstück eingebunden wurden. Sie sind vielfach auf antiken Vasen zu erkennen, auf denen detaillierte Menschendarstellungen zu finden sind. Aus Grabfunden sind auch kleine kugelige Knöpfe erhalten, die aus zwei Metallkugeln zusammengelötet und mit gedrehten Drähten verziert wurden und in ihrem Erscheinungsbild unserem heutigen Kleiderverschluss gleichen. Aufwendige Tuchknoten, unseren Posamenten ähnlich, die in gegenüberliegenden Bandösen eingehängt wurden, zählen ebenfalls zu den »Urknöpfen«. Solche kunstvoll geknoteten Textilschnüre findet man noch heute an der traditionellen Kleidung im orientalischen und asiatischen Raum. Im Laufe der Zeit wurden die Knoten dann aus haltbareren Materialien wie Metallen, Holz und Knochen plastisch nachgebildet. Daraus entstanden später klassische Knöpfe im heutigen Sinne. In Zentraleuropa findet man sowohl in Form von Grabbeigaben als auch auf den Herrscherdarstellungen (andere Quellen sind bis dato nicht verfügbar) bis ins Mittelalter hinein fast ausschließlich Fibeln, Agraffen und Schnallen, die teilweise sehr aufwendig und mit Schmuckcharakter ausgestaltet sind.

Der Knopf, wie wir ihn heute kennen, kam erst gegen Ende des 13. Jahrhunderts als modische Neuheit mit den Kreuzrittern, Händlern und Seefahrern zurück nach Europa. Diese brachten prächtige orientalische Gewänder mit in ihre Heimat, die zum Vorbild für die europäische Kleidung wurden. Neben einer neuartigen Schnittführung waren auch die Kleiderverschlüsse geradezu revolutionär.

Traditionelle osmanische Kleidung wurde damals schon seit Langem mittels Knöpfen geschlossen. Der Dolman, ein in der Taille gegürtetes Untergewand des Kaftans, wurde vom Hals bis zur Taille durchgeknöpft, was ein engeres Anliegen des Kleidungsstücks am Körper ermöglichte. Statt durch ein Knopfloch wurden die Knöpfe jedoch durch eine Stoffschlaufe gesteckt. Im Zuge dieser orientalischen Einflüsse entwickelten sich erste europäische Moden: Seide, Stickereien, Edelsteinverzierungen, kostbare Stoffe in neuen, aufwendigen Webtechniken und mit Pelzbesatz eröffneten neue Möglichkeiten und auch die Form der Kleidung änderte sich vollständig. Bestand die weite antike Tracht noch aus Tunika und Toga bzw. Chiton und Himation sowie einem mantelartigen Überwurf oder einem wärmenden Umhang, wurden die Kleidungsstücke nun wesentlich körpernäher und figurbetonter getragen. Auch die Kleidung von Frauen und Männern unterschied sich zunehmend und diese Differenzierung blieb von nun an erhalten. Der Gürtel verlor so nach und nach seine zentrale Funktion und der Knopf erwies sich als *die* bahnbrechende Neuerung, die diesen Wandel technisch erst ermöglichte. Durch ihn ließen sich die Kleidungsstücke erstmals anziehen und verschließen, was als vollkommen neuartig, modern und auch durchaus praktisch angesehen wurde.

Und plötzlich war er nicht mehr weit, der Weg zum Knopfloch! Im Zuge dieser europäischen Erfindung des Mittelalters wurde der neue Kleiderverschluss noch populärer – das Knöpfen ging nun schneller von der Hand und die bis dato gängigen Schlaufen wurden zunehmend vom unkomplizierten Knopfloch abgelöst.

Die meist kugelförmigen Knöpfe des Mittelalters fanden sich von nun an bei der Männerkleidung meist vorn, bei der Frauenkleidung hinten, was zur Folge hatte, dass die Damen beim Ankleiden Hilfe benötigten, um die vom Hals bis zur Taille geknöpfte Partie zu schließen. Die Männer des Mittelalters trugen hingegen mit Knöpfen geschlossene Kleidungsstücke mit eng anliegenden Ärmeln, die es ihnen ermöglichten, bei der Jagd die Hände frei zu haben und nicht mehr die weiten Gewänder raffen zu müssen. Zu dieser Zeit etablierte sich auch das Verfahren, Herren- und Damenkleidung entgegengesetzt zu knöpfen. Da sich die Herren, im Gegensatz zu den Damen, selber anzogen und es Rechtshändern naturgemäß leichter fällt, von rechts nach links zu knöpfen, wurden aus rein praktischen Gründen die Herrenhemden und ihre Untergewänder auf der rechten Seite mit Knöpfen versehen. Frauenkleider haben die Knöpfe jedoch traditionell auf der linken Seite. Die adeligen Damen, die sich damals eine Vielzahl kostbarer Knöpfe leisten konnten, hatten Zofen, die ihnen beim Ankleiden behilflich waren. Da diese ebenfalls größtenteils Rechtshänderinnen waren, war es für sie wiederum einfacher, wenn die Knöpfe auf der Kleidung der Herrin links angenäht waren. Andere Theorien besagen, dass die Männer stets ihre rechte Hand für den Griff zur Waffe frei hielten und die Kleidung quasi sicherheitshalber mit der linken Hand schlossen, sonst hätte sich das auf der linken Seite getragene und mit der rechten Hand gezogene Schwert in der Kleidung verfangen.

Ursprung hin oder her – bis heute hat sich an der mittelalterlichen Knöpfung nichts geändert. Und auch Ausnahmen bestätigen immer wieder die Regel: So gibt es zahlreiche Darstellungen, auf denen mal rechts, mal links oder gar abwechselnd rechts und links (an ein und demselben Kleidungsstück!) geknöpft wird.

In Ermangelung textlicher Dokumente über die frühe Verwendung von Knöpfen stehen von der Steinzeit bis ins Mittel-alter hinein in erster Linie Grabfunde sowie künstlerische Darstellungen auf Skulpturen, Keramiken und später auch in Büchern im Vordergrund. Sie zeugen von der Entwicklung des Schmuckknopfes über den Gebrauchsknopf bis hin zum Knopf als Statussymbol. Der immer kostbarere Besatz wurde beim Adel und im gehobenen Bürgertum immer mehr zum Schmuckelement und so auch zum Zeichen des Wohlstan-des – man konnte sich Knöpfe aus Edelmetallen, feinsten Po-samenten oder gar mit Edelsteinbesatz leisten und zeigte diese gern in großer Zahl nebeneinander.

Auch die Volkstrachten wurden reich mit Knöpfen ver-ziert und ahmten auf diese Weise die Kleider der Herrschaft nach. An den böhmischen Volkstrachten des 14. Jahrhun-derts wurden beispielsweise gern über einhundert Knöpfe getragen. Die damalige Knopfmode schmückte jedoch in ers-ter Linie die vorn geknöpfte Herrenkleidung, die Damen-mode mit den Verschlüssen auf dem Rücken war wesentlich zurückhaltender ausgestattet. Die Mode unterschied sich ab-hängig vom gesellschaftlichen Rang der Trägerin bzw. des Trägers erheblich: von gänzlich knopflos, über Knöpfe aus Zinn, Eisen oder Bronze bis hin zu Goldknöpfen mit Edel-steinverzierung. Auch die Kleidung an sich zeugte von Reich-tum oder Armut. Im späten Mittelalter trugen die Wohlha-benden modische, körperbetonte Kleidungsstücke, die in erster Linie optisch ansprechend und kaum noch zweckori-entiert waren. Die eleganten Kleider der Damen hatten eng anliegende, überlange Ärmel, die prachtvoll mit zahlreichen Knöpfen verziert waren. Der Adel schmückte sich mit opulenten Prunkgewändern, besetzt mit extravaganten Knöpfen aus Edelmetallen wie Gold und Silber, die oft zusätzlich noch mit Einlegearbeiten bzw. anderen luxuriösen Materialien wie Schildpatt, Elfenbein, Glas oder Edelsteinen verziert waren. Es musste nicht mehr praktisch sein – die aufwendige Mode wurde zum Statussymbol und Zeichen des Müßiggangs. Man konnte es sich in den gehobenen Schichten leisten, nicht körperlich zu arbeiten und zeigte dies gern mittels vornehmer Gewänder. Die arbeitende Bevölkerung trug hingegen zweckorientierte, einfache Kleidung mit entsprechend günstigen Knöpfen, die meist aus Bein, Holz oder Horn hergestellt wurden. Etwas hochwertigere wurden gern mit Stoff oder Garn bezogen.

Allgemein wurden zu dieser Zeit die Knöpfe vielfältiger in Material und Form: Knöpfe in symmetrischer Beeren-, Sternoder Blumenform, als Scheibe oder in der klassischen Kugelvariante waren damals häufig zu finden.

In ihrer Farbigkeit sollten sie Schmuckstücke imitieren – für eine silberne Färbung des Metalls wurde der Bronze Zinn zugesetzt, für eine goldene Farbgebung Messing. Neben den einfachen Knöpfen wurden von den Goldschmieden und Kunsthandwerkern aber auch immer mehr exquisite Einzelstücke für die zahlungskräftige Kundschaft angefertigt.

So begann sich das Knopfhandwerk zunehmend zu einem eigenen Wirtschaftszweig zu entwickeln. Die steigende Nachfrage nach Knöpfen und zahlreiche neue handwerkliche Techniken trugen zu diesem Erfolg bei. Im Jahre 1363 wurden in der Nürnberger Handwerksmeisterliste die ersten Knopfschmiede in Deutschland urkundlich erwähnt. Im Laufe des

14. Jahrhunderts organisierten sich die Knopfmacher erstmals in Zünften, die dem einzelnen Handwerker durch den Zusammenschluss Sicherheiten boten, die Ausübung des Berufes aber auch stark reglementierten. Die auf einzelne Werkstoffe spezialisierten Knopfmacher bildeten jeweils eine eigene Zunft. Zu ihrer Haupteinnahmequelle entwickelten sich die prachtvollen Schmuckknöpfe der privilegierten Oberschicht, die aufgrund der kostbaren Rohmaterialien und des teils immensen Herstellungsaufwandes sehr teuer waren. Doch nicht nur die »Klasse« machte es, auch die »Masse«. So wurden manche Herrengewänder im 14. Jahrhundert mit bis zu sechs Schock Knöpfen (ein Schock = 60 Knöpfe) ausgestattet.

Gegen Ende des 15. Jahrhunderts vergrößerte sich die bekannte Welt: Seefahrer entdeckten im Auftrag ihrer Herrscher neue Länder, Christoph Kolumbus 1492 gleich einen kompletten neuen Kontinent. Immer weiter drangen die Entdecker vor, bald gefolgt von den Kaufleuten: Asien, Amerika und Afrika entwickelten sich zu lukrativen neuen Märkten für die europäischen Händler. Auf den neuen Handelsrouten lieferten sie mit Luxuswaren wie Gold, Perlen, Elfenbein und Edelhölzer auch die Materialien für wunderbare, noch nie da gewesene Knopfkreationen. Knöpfe wurden rasch zu einer begehrten Ware, die unter anderem auch im Zuge der Ausbreitung der Hanse europa- und später weltweit gehandelt wurde.

Dass Knöpfe aber auch durch den Einsatz preiswerter Materialien, eine immer effizienter werdende Herstellung und zunehmende Konkurrenz unter den Knopfmachern immer erschwinglicher wurden und so selbst die weniger wohlhabenden Menschen sich mit diesem einstigen Luxusgut schmücken konnten, war den Herrschenden ein Dorn im Auge. Sie bangten um ihr Privileg, Knöpfe in beliebiger Menge und prächtigster Optik an der Kleidung zu tragen. So kamen im ausgehenden Mittelalter immer mehr Kleiderordnungen mit entsprechenden Beschränkungen auf. In Nürnberg schrieb ein Gesetz beispielsweise vor, dass die Knöpfung der Ärmel nur noch bis zum Ellenbogen reichen durfte. Derartige Vorschriften reichten bis hin zu Größe, Material und Anzahl der verwendeten Knöpfe und galten für die niederen und mittleren Stände, also einfache Bürger sowie Bauern und Gesinde. Auf diese Art und Weise sollte jeglichem »Knopf-Prunk« Einhalt geboten werden und sichergestellt sein, dass diese Schmuckelemente einzig und allein dem Adel und den Herrschenden vorbehalten blieben. Die traditionelle Gesellschaftsordnung sollte aufrechterhalten werden, es gab jedoch auch wirtschaftspolitische Überlegungen, sittlich-moralische Aspekte und religiöse Gründe. Die Kleidergesetzgebung in Nürnberg endete erst 1693. Und das nicht ohne Grund: So war der Knopf vom 15. bis ins 16. Jahrhundert hinein kurzfristig wieder unmodern und zwischenzeitlich kaum noch in Verwendung. Lediglich die ein- oder zweireihige Knöpfung an der Schecke, einem Gewand der bürgerlichen Herrentracht und Vorläufer der heutigen Weste, blieb erhalten, ebenso vereinzelt Knöpfungen an Kniehosen, als Verschluss am Ärmel oder als Schmuckelement, z. B. an Männergürteln. Das Gros der noch immer körperbetonten Kleidungsstücke, sowohl bei der Damen- als auch bei der Herrengarderobe, wurde jedoch

mit Schnürungen oder mit Haken und Ösen verschlossen. Knöpfe wurden häufig unter einer verdeckten Knopfleiste versteckt und büßten so ihre Funktion als Statussymbol vorübergehend ein, um dann im späten 16. Jahrhundert geradezu triumphal wieder in die europäische Mode einzuziehen. Die geschlitzte Kleidung der Renaissance, die sogenannte »Hackmode«, trug maßgeblich zu einer Blüte des Knopfhandwerks bei. Die langen Schlitze an Ärmeln, Wams und Hose, die mit kontrastierenden Stoffen hinterlegt waren, verlangten nach zahlreichen kleinen Knöpfen, um wieder punktuell geschlossen zu werden. Hierfür wurden meist kugel- bzw. halbkugelförmige Knöpfe aus Metalllegierungen verwendet.

Es gab einen regelrechten – in dieser Form noch nie da gewesenen – Knopf-Boom. Die Knopfmacher übertrafen sich in der Gestaltung, dem verwendeten Material und in der Ausübung ihres Handwerks – Knöpfe wurden zu begehrten Objekten. So fertigten bald auch zahlreiche namhafte Künstler wie Dürer, Holbein oder Cellini besondere Knöpfe an. Die von Florenz ausgehenden Einflüsse der Renaissance und des Humanismus auf die europäische Kulturgeschichte führten zu einer größeren Wertschätzung von künstlerischen und geistigen Fähigkeiten, und die Kleiderordnungen wurden liberaler oder sogar abgeschafft. Dies hatte zur Folge, dass eine Unterscheidung der Stände anhand der Kleidung immer schwieriger wurde. Die edelsten Knöpfe blieben natürlich – schon aufgrund ihrer hohen Preise – auch weiterhin ein Privileg der Wohlhabenden.

Mittlerweile sind es nicht mehr nur die Fundstücke und die bildlichen und skulpturalen Darstellungen, sondern zunehmend auch schriftliche Quellen oder Abbildungen in Büchern, die uns helfen, den historischen Knöpfen und ihren Geheimnissen auf den Grund zu gehen. So wird von dem französischen König Karl IX. (1550-1574) berichtet, dass er handgeschmiedete Knöpfe aus Silber und Nickel trug, die eleganten Schmuckstücken gleichkamen (»Knöpfe wie Juwelen«). Geradezu legendär sind auch die prunkvollen, mit Diamanten, Rubinen und Perlen besetzten Knöpfe, die Heinrich VIII. (1491-1547) anlässlich seines ersten Treffens mit Anna von Kleve am Wams trug. Sicher hat seine beeindruckende Erscheinung bei Anna bleibenden Eindruck hinterlassen, wurde sie doch später seine vierte Ehefrau. Eine schriftliche Bestellung von Franz I. (1494-1547) bei seinem Hofjuwelier in Paris enthielt über 13 600 (!) goldene Knöpfe, um damit einen schwarzen Samtumhang besetzen zu lassen.

Auch sein Enkel Heinrich III. (1551-1589) trug zu den damaligen Knopfmoden seinen Teil bei. Er ließ sich im Jahre 1583 anlässlich des Todes eines Günstlings 18 Dutzend (= 216) silberne Trauerknöpfe mit Totenkopfmotiv anfertigen. Diese sogenannten »Schädelknöpfe« wurden zur Inspiration für die höfische Mode in Frankreich des späten 16. Jahrhunderts und zierten als Symbol der Vergänglichkeit viele Schmuckstücke dieser Zeit.

Ebenfalls Erwähnung finden die fünf Dutzend (= 60 Stück) Schmuckknöpfe aus Gold mit Diamant- und Rubinbesatz aus dem Besitz der Katharina von Habsburg (1533-1572). Doch auch niedere Adelige wie Graf Hans Meinhard von Schönberg (1582-1616) besaßen Knöpfe von hohem Wert. Dieser nannte 42 goldene Wamsknöpfe – jeder mit sieben Diamanten besetzt – sein Eigen, was von seinem stattlichen Gehalt und einem luxuriösen Lebensstil zeugte. Oft dienten diese Knöpfe nicht nur als Schmuck, sondern auch als »Notgroschen«, der jederzeit versilbert werden konnte. Manche dieser Knopfgarnituren waren so kostbar, dass sie über Generationen vererbt wurden und so in zahlreichen Nachlässen Erwähnung fanden.

In dieser Epoche gab es eine bis dahin unbekannte Material- und Formenvielfalt bei der Herstellung von Knöpfen und der Kleiderverschluss wurde zum festen Bestandteil der Garderobe. Immer außergewöhnlichere und hochwertigere Rohstoffe fanden Verwendung und Materialien wie Gold, Silber und Edelsteine, aber auch »Exoten« wie z. B. Korallen, erfreuten sich großer Beliebtheit. Gleichzeitig wurde auch die Produktion der einfachen, aber auch stetig schöner werdenden Gebrauchsknöpfe zunehmend kostengünstiger, was der immer größeren Nachfrage nach neuen modischen Knöpfen sehr entgegenkam.

Die Techniken der Metallverarbeitung wie Schmieden, Gießen, Treiben, Löten, Punzieren, Gravieren und Ziselieren eröffneten neue Möglichkeiten der Gestaltung. Auch Filigrantechniken, Niello (eingeprägte und geschwärzte Verzierungen auf Metalloberflächen), Emaillieren, neue Steinschneideverfahren und die plastische Bearbeitung von Schmucksteinen (Glyptik) ließen sich hervorragend für besondere Knöpfe einsetzen.

Neben den Goldschmieden gab es noch zahlreiche andere Handwerker, die Knöpfe fertigten: die Formenknopfmacher (Drechsler), die die Holzknöpfe zur Einlage in die mehrteiligen Metallknöpfe sowie die Rohlinge für die Posamentierer herstellten; die Metallknopfmacher (Gürtler); die Seiden-knopfmacher und Posamentierer. Zusätzlich zu den Kleider-verschlüssen stellten diese Handwerker häufig noch weiteres Zubehör für Kleidung her: Borten, Quasten, Stock- und De-genbänder waren typische Erzeugnisse der Posamentierer; Schnallen und Schließen die der Gürtler. Auch die Werk-zeuge wurden stetig weiterentwickelt und erlaubten eine im-mer schnellere, effizientere Produktion von optisch anspre-chenden Knöpfen für die breite Bevölkerung. Knöpfe herzu-stellen lohnte sich und bot den Handwerkern ein gutes Einkommen und eine Zukunftsperspektive.

Im 17. Jahrhundert kamen im Zuge einer frühen Rationa-lisierung bereits erste einfache Maschinen in der Knopfpro-duktion zum Einsatz: Um 1680 verwendeten die Nürnberger Gürtler bereits eine Presse für Messingknöpfe, die die Pro-duktivität wesentlich erhöhte. Knopfmacherzünfte und -ma-nufakturen verbreiteten sich zu dieser Zeit von Deutschland und Frankreich ausgehend in ganz Europa.

Im Barock, dem Zeitalter von Luxus, Prunk, Repäsenta-tion und der öffentlichen Zurschaustellung von Reichtum, wandelte sich die Kleidung zu immer aufwendigeren, opulen-teren Kostümen, die keinesfalls praktisch, sondern in erster Linie beeindruckend sein sollten. Ludwig XIV. (1661-1715), der sich selbst als »Sonnenkönig« bezeichnete, wurde mit sei-nem glamourösen Lebensstil, der sich in allen Bereichen ma-nifestierte, zur Symbolfigur dieser Zeit. Es war damals selbst-verständlich, dass zur höfischen Kleidung neben edelsten Stoffen, erlesener Spitze und höchster Schneiderkunst auch hochwertigste Knöpfe gehörten. Diese wurden bei Ludwig regelrecht zur Manie. Er liebte es, sich mit großen Mengen der teuersten und schönsten Exemplare zu schmücken und gab für Knöpfe aus Gold und Edelsteinen unvorstellbare Summen aus der Staatskasse aus. Besonders die Diamantknöpfe hatten es Ludwig angetan: Sie strahlten – dank der zu dieser Zeit verfeinerten Schleiftechniken – gleich dutzendfach an seiner Kleidung. Eine Robe des Herrschers zierten 104 Knöpfe dieser Art, eine 1686 erworbene Weste gar 816 (!) Edelstein- und 1826 (!) Diamantknöpfe. Diese entsprachen dem unvorstellbaren Wert von 360 000 Franc. Auch besaß Ludwig eine Knopfgarnitur, die aus kleinen funktionsfähigen Miniaturuhren bestand und sicherlich ein ganz besonderer Hingucker war. Übrigens befand sich ein außergewöhnlicher Angestellter in seinen Diensten: ein eigener Knopfmacher, der »Bouttonier«. Er kümmerte sich ausschließlich um die Pracht der königlichen Knöpfe.

Die Prunksucht und Dekadenz dieser Zeit nahm mit den Jahren immer mehr zu und ein jeder schmückte sich, wie er nur konnte. Der König versuchte, dem Einhalt zu gebieten, jedoch nur mit mäßigem Erfolg. Teilweise kamen so bis zu 1800 Knöpfe an einem einzigen Kleidungsstück zusammen: ein wahrhaft gewichtiger Schmuck. Die exklusive französische Gesellschaft bestimmte damals in tonangebender Art und Weise die Mode der Zeit: rasch wechselnd, verschwenderisch und auf höchstem künstlerischen Niveau – quasi die erste Haute Couture.

Auch im militärischen Bereich war Frankreich stilprägend. Ludwig XIV. vereinheitlichte Ende des 17. Jahrhunderts die Überröcke seiner Soldaten, die durch gleichen Schnitt, gleiche Farbe und Ausstattung zu den ersten Uniformen wurden. Diese machten die Zusammengehörigkeit der Truppen erkennbar und sollten Desertionen verhindern. Neben den Litzen und Schnüren wurden auch Knöpfe als Rangabzeichen verwendet. Nach kurzer Zeit zierten einheitliche Metallknöpfe aus Messing, Kupfer, Eisen oder Zinn die Militäruniformen in fast ganz Europa und bescherten den Knopfmachern gute Geschäfte.

Es wurde also nicht nur die höfische Kleidung immer prachtvoller, sondern auch die Uniformen wurden geradezu hoffähig.

Gegen Mitte des 18. Jahrhunderts wurden dann auch Höflinge und Dienerschaft zunehmend mit Ehren- oder Dienstlivreen ausgestattet, um ihre Zugehörigkeit zum Hof kenntlich zu machen. Das gehobene Bürgertum wollte den Herrschenden in nichts nachstehen und übernahm diese Neuerung schnell auch für die eigenen Angestellten. Die klassischen Livreeknöpfe waren aus Metall und mit dem Familienwappen bzw. Wappenornamenten verziert. Wenig später, zu Beginn der Französischen Revolution, konnte man anhand dieser Knöpfe oft den Stand, Dienstgrad und die Zugehörigkeit zum Dienstherrn erkennen.

Auch in anderen Bereichen standen besondere Knöpfe für die Tätigkeit des Trägers und waren Bestandteil einer einheitlichen oder zumindest ähnlichen Kleidung einer Berufsgruppe. Auf ihnen waren unterschiedliche Symbole abgebildet: Ein Pferdekopf kennzeichnete den Knopf eines Bauerngewandes, ein Rinderkopf war Zeichen der Schlachtergilde,

Hammer, Zirkel und Kelle zierten, quasi als Visitenkarte, die der Maurer. Knöpfe dieser Art sind bis heute Teil der Uniformen und der einheitlichen Berufskleidung, häufig auch in Staatsbetrieben. Bekannte Motive sind beispielsweise der Anker auf Marineknöpfen, das Posthorn, die Buchstaben »DB« für die Deutsche Bahn oder die gekreuzten Hammer als Zeichen des Bergbaus. Auch die Zimmerleute auf der Walz erkennt man noch immer an ihrer traditionellen, mit großen Perlmuttknöpfen besetzten Tracht.

Seit der Renaissance entwickelten sich sowohl die bürgerlichen als auch bäuerlichen Trachten stetig weiter. Das Bürgertum gewann nach der Französischen Revolution stetig an Einfluss und Ansehen und kleidete sich gern dem Adel und den Herrschenden ähnlich.

Den niederen Ständen war jedoch das Tragen von Silber- oder Goldschmuck (dazu gehörten auch Knöpfe) noch immer verboten oder es war mit Steuern belegt. Leisten konnte sich dies aber ohnehin kaum jemand aus der breiten Bevölkerung, sodass Ersatzmaterialien in Mode kamen, die die Optik von echten Schmuckknöpfen oft täuschend echt imitierten. Zinn ersetzte Silber, Messing Gold, (Blei-)Kristall Diamanten und gefärbte Glasperlen Edelsteine – Knöpfe dieser Art waren erschwinglich und häufig nicht weniger schön als ihre Vorbilder. Da diese Entwicklung nicht mehr aufzuhalten war, wurden die strengen Kleidervorschriften Ende des 18. Jahrhunderts endgültig gelockert und die einfache Bevölkerung durfte fortan – zusätzlich zu einem mit Silberknöpfen verzierten Beutel, der die Stellung des Trägers im Haushalt symbolisierte – auch anderen Schmuck tragen. Silberne Knöpfe, deren Wert zehn bis zwölf Gulden nicht übersteigen durfte, wurden zuerst gestattet. Zwei Knopfformen setzten sich jetzt durch: die Kugel bzw. die Halbkugel (Letztere wurde auch gern mit Stoff bezogen) und die Scheibe. Beide wurden in vielfältigster Art und Weise gestaltet: als Alltagsknopf einfach, schlicht und zweckmäßig, wogegen die Knopfgarnituren für Sonn- und Feiertage durchaus opulenter ausfallen durften. Doch luxuriöse Kleidung, die sich rasch änderte und schnell unmodern wurde, blieb ein Privileg der Wohlhabenden. Die Bauern setzten dem ihre Trachten entgegen, aus denen die Volkstrachten entstanden. Sie wurden im Laufe der Zeit immer prachtvoller und aufwendiger. Auch hier gab es Alltags- und Festtagstrachten, die jeweils mit den passenden Knöpfen verziert waren.

Mit der Erfindung der Metallbohrmaschine um 1720 und der Drehbank 1797 wurde es plötzlich möglich, Knöpfe durch den Einsatz dieser Maschinen deutlich rationeller herzustellen. Die optisch sehr ansprechenden Knöpfe ließen sich preiswert in großen Stückzahlen produzieren. Sie wurden rasch zum Kassenschlager und schmückenden Element an einfachen Kleidungsstücken und Trachten. Gerade bei Letzteren gab es schon immer eine große Vielfalt an traditionellen Verzierungen und Schmuckbestandteilen. Jede Tracht hatte ihre charakteristischen Knöpfe, die einerseits fester Bestandteil, andererseits Alleinstellungsmerkmal waren. Besonders verbreitet waren von jeher Münz- und Talerknöpfe, die den wirtschaftlichen Wohlstand des Trägers zeigen sollten. Ursprünglich waren diese Statussymbole echte Geldstücke, die mit einer Öse versehen und zu Knöpfen verarbeitet wurden; später wurden vermehrt Knöpfe in Münzoptik produziert. Erstere boten als Zahlungsmittel eine gewisse finanzielle Sicherheit in Notzeiten – man konnte, wenn es nötig war, jederzeit »einen Knopf springen lassen«. Diese »Notgroschen« wurden häufig nicht festgenäht, sondern mittels eines durch eine Öse hindurchgezogenen Fadens befestigt, der wiederum durch ein kleines Loch im Stoff hindurchgesteckt war. So ließen sie sich einfacher abnehmen. Wenn Alltags- und Feiertagsknopfgarnituren im Wechsel an der Tracht getragen wurden, waren diese zwecks leichterer Handhabung ebenfalls auf diese Weise an der Kleidung befestigt

Münz- oder Talerknöpfe zierten häufig die Männergarderobe, während die der Frauen oft mit Filigranknöpfen besetzt war. Diese bestanden aus feinen, kunstvoll gedrehten, gewalzten und gekörnten Metalldrähten, die mittels alter Handwerkstechniken zu aufwendigen Ornamenten aneinandergefügt und mit einer Öse versehen wurden. Man findet sie noch heute an friesischen Trachten, deren traditioneller Filigranschmuck von höchster Goldschmiedekunst zeugt. Filigranobjekte haben ihren Ursprung in den über 4000 Jahre alten orientalischen Kulturen und kamen mit den Kaufleuten und Kreuzrittern nach Europa.

Auch die immer professionelleren Imitationen von edlen Knöpfen ließen selbst die einfachen Regionaltrachten, insbesondere die Varianten für Sonn- und Festtage, elegant erscheinen. Mit den reich verzierten, üppig mit Accessoires ausgestatteten Trachten stand die bäuerliche Kleidung der von Adel und gehobenem Bürgertum bald in nichts mehr nach. Im Zuge der fortschreitenden Industrialisierung kam es hier zu einer regelrechten Knopf-Euphorie und Knöpfe wurden in immer größeren Stückzahlen eingesetzt. Die Alpenländer Männertracht zierten plötzlich über 180 Knöpfe. Mit zunehmendem Alter des Trägers bzw. der Trägerin wurden die Kleidungsstücke dunkler und die Knöpfe wertvoller. So konnte man daran erkennen, ob man(n) (oder Frau) es zu etwas gebracht hatte. Trachten sind noch heute ein Zeichen von regionaler Identität und werden seit einigen Jahren wieder zunehmend mit Stolz getragen – und dies nicht nur im Alpenraum oder auf dem Oktoberfest.

Während die einfache Bevölkerung im 18. Jahrhundert immer schönere Kupfer-, Messing-, Holz-, Horn-, Bein- oder Glasknöpfe trug, umfasste die Galagarderobe der Adeligen und Reichen meist mehrere Knopfgarnituren, bestehend aus zweieinhalb, drei oder vier Dutzend einheitlichen Knöpfen edelster Materialien wie Gold, Silber, Diamanten, Smaragden, Rubinen, Saphiren, Elfenbein, Porzellan, Emaille und Schildpatt sowie den dazu passenden Accessoires.

Die Blütezeit des Knopfes setzte sich im Rokoko fort, die in der Knopfbegeisterung der Herrschenden ihren stärksten Ausdruck fand. Die Nachfrage nach Schmuckknöpfen war nach wie vor immens und die Knopfmacherei als Kunsthandwerk erreichte ihren absoluten Höhepunkt.

Es war die Zeit der Verzierungen, Volants, Schleifen, Perlen, Rüschen, Rosetten, üppigen Dekolletés, prächtigen Kostüme, Perücken und Puderfrisuren, der riesigen Reifröcke und engen Mieder. Diese opulente Mode übertraf an Reichtum, Prunksucht und Verschwendung sogar die des prächtigen Barock.

August der Starke (1670-1733) besaß eine wahrhaft beeindruckende Knopfsammlung, die verschiedenste Garnituren umfasste und von unermesslichem Wert war. Die meist aus 30 und mehr aufeinander abgestimmten Knöpfen bestehenden Sets waren erlesene Goldschmiedearbeiten, verziert mit prachtvollen Edelsteinen. Sie wurden in eleganten, mit Samt und Seide ausgekleideten Schmuckschatullen gelagert und zeigten die vollendete Handwerkskunst der Juweliere und Goldschmiede des ausgehenden 18. Jahrhunderts. Die Knöpfe waren jedoch auch ein fester Bestandteil der repräsentativen Garderobe Augusts des Starken bei offiziellen Anlässen. Sie wurden über Generationen hinweg vererbt und sind heute im berühmten Grünen Gewölbe in Dresden zu besichtigen.

Mit der Perfektionierung des Edelsteinschliffs wuchs zudem die Nachfrage nach Diamanten – sie wurden in großer Zahl zur Herstellung von luxuriösen Knöpfen verwendet. Im Zuge der Erfindung von ersten sythetischen Edelsteinen aus gepresstem, geschliffenem und verspiegeltem Glas (»Strasssteine«) in der Mitte des 18. Jahrhunderts ließen sich auch diese Statussymbole zu erschwinglichen Preisen nachbilden. Sie ermöglichten auch den weniger zahlungskräftigen Bevölkerungsschichten eine opulente Mode, die der der Reichen optisch in nichts nachstand. Sogenannte »Imitat-Juweliere« verarbeiteten die Steine gern in Verbindung mit Metallen in Gold- oder Silberoptik und arbeiteten Hand in Hand mit den traditionellen Knopfmachern. Dass es sich bei deren Handwerk nicht um eine triviale Tätigkeit handelte, lässt sich aus der sechsjährigen Lehrzeit ableiten, die die Knopfmacherordnung des Herzogtums Württemberg im Jahr 1719 vorschrieb.

Von entsprechend hoher Qualität waren infolgedessen die Produkte dieser Berufsgruppen. Im Jahr 1767 gab es in Paris bereits über 300 Imitatjuweliere. Der neuartige Schmuckstein in unterschiedlichsten Schliffen und Farben, der dem jeweiligen Original täuschend ähnlich sah, trat rasch seinen Siegeszug an; besonders die Diamant-Imitationen verkauften sich außerordentlich gut. Das Verlangen, sich mit den glitzernden und funkelnden Steinen zu schmücken, war derart groß, dass Kaiserin Maria Theresia ein Verbot zur Herstellung von Strass-Steinen erließ, um das Privileg, Edelsteine zu tragen sich selbst bzw. denen, die sich echte Steine leisten konnten, vorzubehalten. Ihr Erfolg hielt sich jedoch in Grenzen, da derartige Verordnungen nur schwer umzusetzen waren.

Eine weitere Imitation von facettierten Schmucksteinen bildeten die Stahlpointknöpfe, die mit geschliffenen Stahlperlen oder -nieten versehen waren und sich Mitte des 18. Jahrhunderts von England aus verbreiteten. Nicht wenige gerissene Betrüger zogen ihren Nutzen aus den glänzenden Objekten, die europaweit gefragt waren, aber mit Edelsteinen bzw. Edelmetallen rein gar nichts zu tun hatten.

Die Kleidermode wandelte sich nun zunehmend vom üppigen Brokat-Prunk des Rokoko zur gradlinigeren Kleidung der Anhänger des Sturm und Drang. Die Stoffe wurden schlichter, dunkler, unauffälliger, die Kleidungsstücke bequemer und die Knöpfe dazu passend wieder schlichter. Im Zeitalter der Aufklärung stand nicht mehr der zur Schau gestellte Reichtum im Vordergrund, man schmückte seine Knöpfe nun gern mit dezenten Miniaturmalereien, die auf Aquarellpapier handgemalt, meist hinter einem Glasplättchen in Messing gerahmt und anschließend zu Knöpfen verarbeitet wurden. Diese Mode entstand um 1775 in Frankreich und erfreute sich wenig später europaweit großer Beliebtheit. Auch Marie Antoinette (1755-1793) entdeckte ihre Liebe zur Malerei und gestaltete ihre Knöpfe selbst. Die kleinen Kunstwerke zeigten häufig die damals aktuellen Landschaftsmalereien, arkadische oder Theaterszenen, aber auch Märchen-, Tier-, Revolutions- oder Architekturmotive. Neben Aquarellen wurden auch Miniaturen auf Porzellan, Elfenbein oder Emaille sowie Hinterglasmalereien auf Knöpfen zur kleinen »Gemäldegalerie« am Kleidungsstück. Bei dieser Variante des Kleiderverschlusses stand ganz klar das Motiv und dessen Umsetzung im Vordergrund, die Materialien waren in der Regel von geringerer Relevanz und daher oft eher einfach und kostengünstig.

Im Jahr 1788 wurden aus finanziellen Gründen weite Teile der Garderobe und des Schmucks des späteren Königs von England, George IV. (1762-1830), in Paris versteigert. Bei dieser Auktion kamen auch große Mengen erlesener Schmuckknöpfe unter den Hammer, die der Prinz offenbar mit großer Leidenschaft gesammelt hatte. Ein Graf berichtete von dem gesellschaftlichen Großereignis:

Ich komme soeben aus der Auktion des Prinzen von Wales, die in einem öffentlichen Auktionssaale unter den Galerien im Palais Royal abgehalten wurde. Es ist gewiss eine der seltsamsten Begebenheiten und so neu als möglich, dass ein Prinz von Wales seine ganze Garderobe, Kleider, Spitze, Bijoux, schuldenhalber hingibt.

Im Grunde ist die Spekulation vortrefflich. Alle Welt strömte zu dieser famosen Auktion, und unsere feinen Herren und Damen steigerten einander so mächtig und teilten sich so hitzig in diese Verlassenschaft, als man sich in den Zeiten der ersten Kirche um die Reliquien unserer Heiligen riss. Da gab es Knöpfe aus Glasperlen mit goldenen und silbernen Streifen in der Mitte oder Knöpfe »à la Madagascar«. Sie bestanden aus hochroten Madagascarbohnen oder roten Korallen, mit kleinen lapidierten Stahlperlen eingelegt. Auch Knöpfe aus wohlriechendem Sentinellaholz, in der Mitte mit kleinen reizenden Inskriptionen, fanden begeisterte Abnehmer. Die englischen Bas-Reliefs-Knöpfe oder Wedgwood'sche Cameobuttons in Gold gefasst, ausserordentlich schön, gelangten mit fabelhaften Preisen in die Hände der Käufer. Besonderen Beifall erregten bei unseren Damen Knöpfe, die abwechselnd aus Stahlperlen und roten Korallen gearbeitet waren. Prinz Casimir kaufte eine ganze Garnitur achteckiger, blauemaillierter, mit griechischen Figuren aus Elfenbein im antiken Geschmack gehaltener Knöpfe, während er mit einem vielsagenden Lächeln eine mit goldfarbenem Samt ausgeschlagene Schatulle erstand, auf deren Grund sechs Knöpfe lagen, mit aus Elfenbein geschnittenen Massliebchen, emailliert und mit Perlen verziert. Blaue Glasknöpfe, die an Redingots getragen werden, fanden ebenso begeisterte Abnahme wie schwer vergoldete Metallknöpfe. In der berühmten Sammlung befanden sich auch Knöpfe aus Lack mit Stahl- und Goldblättchen bestreut, in Gold gefasst, und auch solche aus blau-weissgestreiftem Glase, die berühmten »Boutons à rubans«. Die Damen stritten sich um Knöpfe »à la Turquoise«, die einen türkisähnlichen, himmelblauen Schmelz aufwiesen. Sie wurden weit über ihren wirklichen Wert bezahlt. Die Herzogin von Chartres steigerte eine ovale Knopfgarnitur mit blauen, roten, grünen Korallen und sogenannten »Grains des Indes« besetzt. Madame de Noailles errang die berühmten goldenen Knöpfe mit den zwei ineinandergeschobenen Herzen, von denen das eine matt, das andere mit Glanz gearbeitet war. Man erzählt sich von diesen Knöpfen, dass sie mit einer der pikantesten Liebesgeschichten des Prinzen von Wales eng verknüpft seien. Niemand wollte aber die berühmte Auktion verlassen, ohne etwas für sich selbst oder als Gabe für andere gekauft zu haben. Darum fand auch ein Gilet, das zu dem Négligéfrack des Prinzen von Wales gehörte und aus breiten Plüschstreifen bestand, an dessen mit Fransen besetzten Knopflöchern an Stelle von Knöpfen goldene Eicheln hingen, einen Preis, der nur in unserer, mit dem Gelde leichtsinnig umgehenden Gesellschaft möglich ist.

(Aus: Journal des Luxus und der Moden, Weimar, 1788 / Berichte aus dem Knopfmuseum Waldes 1919)

Ein vergleichbarer Schatz gelangte an die Öffentlichkeit, als im Zuge der Französischen Revolution 1789 und des daraus resultierenden politischen Umbruchs in Europa die königlich-französische Knopfsammlung konfisziert und geschätzt wurde.

Die Bürger Frankreichs hingegen opferten ihre Silberknöpfe für das Vaterland und man trug stattdessen den »Gleichheitsknopf« aus Stahl oder Eisen, der mit seinen Revolutionsmotiven zum politischen Statement, zum Zeichen der Gesinnung, zum »Meinungsknopf« wurde. Auch Schmuckknöpfe in den Nationalfarben Blau-Weiß-Rot, mit der französischen Lilie, mit eingesetzten Mauersteinen aus der Bastille oder mit patriotischen Texten versehen, wurden zum Modehit und zierten in Frankreich die damals beliebten blauen Fräcke.

Doch die Knopfmode blieb eine vielseitige und bunte Angelegenheit. War der reine Wert des Knopfes nicht mehr von Belang, kamen die unterschiedlichsten Gestaltungsformen auf. Moderne Posamente verbargen einen schlichten, flachen Holzknopf, der kreativ mit Fäden und Schnüren aus Wolle, Seide und Metallen wie Gold oder Silber umflochten, umsponnen oder anderweitig verziert wurde. Auch erste Steinnussknöpfe wurden in verschiedenen Varianten hergestellt. Ihre wunderschöne Maserung kam durch Polieren hervorragend zur Geltung und sie wurden sowohl in ihrer elfenbeinähnlichen Naturfarbe als auch gefärbt verkauft. Hornknöpfe vom Ochsen, Hirsch oder Büffel, Knöpfe aus den unterschiedlichsten Hölzern, Metallknöpfe aller Art (teils sogar mit einer irisierenden Oberfläche versehen) und Knöpfe aus

Schildpatt, Elfenbein, Perlen, Perlmutter, Leder, Glas, Edelsteinen und Porzellan gab es in den großen Städten zu kaufen. Die Knopfmacher konnten dank des immer stärker zunehmenden Handels aus dem Vollen schöpfen und ihrer Fantasie freien Lauf lassen. Sie stellten nun Knöpfe wirklich aller nur erdenklichen Materialien, Formen und Farben her. Neben den für die Zeit des ausgehenden 18. Jahrhunderts typischen Motiven wie Landschaften, Blumen, Tiere, arkadische Szenen, Burgen, Drachen, Porträts, Initialen, Waffen, Kreuze oder Götterdarstellungen wurde insbesondere eine englische Erfindung zum Exporthit und Kassenschlager der damaligen Zeit: der Wedgwood-Knopf.

Diese exquisiten Knöpfe aus feinstem Material stammten aus der von Josiah Wedgwood im Jahre 1759 gegründeten englischen Porzellanmanufaktur »Etruria« in Burslem, Staffordshire, und zeigten auf einem meist blauen oder schwarzen Grund aus der von Wedgwood erfundenen »Jasperware«, einem dem Biscuitporzellan verwandten Steingut, weiße kontrastierende Motivreliefs mit antikisierenden, klassizistischen Figuren und Szenen. Mit einer Schmuckeinfassung versehen wurden die kleinen fragilen Kunstwerke auf Metallträgern mit Ösen zu Knöpfen weiterverarbeitet. Aufgrund der hohen Preise und der unerwartet starken Nachfrage aus dem In- und Ausland kamen rasch Imitate aus den unterschiedlichsten Materialien wie Papier, Seide, Metall oder einfachem Porzellan auf. Wedgwoodknöpfe kamen erst aus der Mode, als im 19. Jahrhundert leichte, fließende Stoffe en vogue waren – für diese waren die schweren Knöpfe nicht geeignet.

Nur kurze Zeit später, im Jahr 1792, schaffte die französische Nationalversammlung endgültig sämtliche Kleiderprivilegien des Adels und alle sonstigen Kleiderordnungen ab. Mit der schlichteren Mode im Zuge der bürgerlichen Revolutionen wurde die Damenmode maskuliner und der Knopf begann auch dort an taillierten, zweireihigen Blazern mit spitzen Revers und kurzen Schößchen zum langen Rock endgültig seinen Siegeszug. Die Knöpfungen waren jedoch noch immer häufig verdeckt oder zumindest zurückhaltender als bei der Herrenmode und galten offen getragen als mutig, ja geradezu radikal.

Die Männer trugen nun knielange Fräcke, zweireihige Westen und schlichte Hosen im klassischen Schnitt. Als Symbol der neuen Zeit, die für die zunehmende Freiheit stand, war ihre Garderobe längst nicht mehr pompös, sondern nunmehr weitgehend schnörkellos. Mehrere Reihen gradliniger Metallknöpfe verschlossen Mantel und Frack, Perlmuttknöpfe die Weste.

Eine modische Neuheit der Romantik waren Anekdoten- und Haarknöpfe, die Ende des 18. Jahrhunderts die Oberbekleidung passend zum empfindsamen Zeitgeist zierten. Sie bestanden, ähnlich wie die Miniaturmalerei-Knöpfe, aus einer meist in Gold gefassten stabilen Kristallglasscheibe, hinter der sich die Monogramme Verstorbener aus geflochtenem Golddraht auf farbiger, oft roter, Seide oder eine Locke des Liebsten oder der Angebeteten befanden. Dieses Oberteil wurde auf einer Metallplatte mit Öse angebracht und ließ sich so als Knopf annähen. Auch Totenschädel oder gekreuzte Knochen in Gold waren im Zuge der Vanitas, als Zeichen der

Vergänglichkeit, ein beliebtes Motiv für diese Knöpfe. Morbiden Charme hatten auch die Knopfgarnituren, die im Zuge des großen Erfolges von Goethes *Die Leiden des jungen Werther* hergestellt wurden. Sie zeigten mehrere Szenen des Romans und auf dem letzten Knopf wurde gewissermaßen als Abschluss die finale Pistolenszene dargestellt, in der Werther sich am Ende des Romans das Leben nimmt.

Nachdem früher die Größe des Knopflochs der der Knöpfe folgte und alle Knopfmacher diesbezüglich völlige Freiheit hatten, kamen nun andere Zeiten. Seit 1849 konnten Knöpfe maschinell und vollautomatisch angenäht werden – hierfür benötigten die Maschinen jedoch einheitliche Knöpfe in exakten Maßen. Eine Tatsache, die der fortschreitenden Massenproduktion von Textilien entgegenkam, da sowohl Kleidungsstücke als auch Knöpfe mit den modernen Verfahren immer kostengünstiger produziert werden konnten.

Nach 1850 wurde die Herrenmode noch gradliniger und die Knöpfe an der Oberbekleidung trug man ganz leger offen oder auch dezent hinter verdeckten Knopfleisten. Westen und Manschetten wurden gern mit Glasknöpfen, Jacketts oder Mäntel mit Lederknöpfen geschlossen. Die Damenmode erschien hingegen wieder femininer und damit aufwendiger in ihrer Gestaltung. Mittels Korsetts eng geschnürte Taillen standen in einem modischen Kontrast zu den bodenlangen Reifröcken, die der Trägerin stets eine elegante Silhouette bescherten. Wer denkt dabei nicht an die prächtigen Kleider von Kaiserin Elisabeth (Sissi), die damals als schönste Frau Europas und erste Stilikone gefeiert wurde?

Doch auch schmale – deutlich praktischere – Reisekleider,

die rechts auf links geknöpft wurden, waren ein großes Thema in der damaligen Mode. Auch stand zu dieser Zeit bei den Wohlhabenden der prächtige Schmuckknopf als besonderer Blickfang an der Kleidung wieder mehr im Vordergrund. Kaiserin Eugénie (1826-1920) schmückte sich damals mit prächtigen Diamantknöpfen des 1847 in Paris gegründeten Juwelierhauses Cartier und Peter Carl Fabergé (1846-1920) stellte neben den berühmten Schmuckeiern auch Knöpfe in vollendeter Handwerkskunst her.

Mittlerweile hatten die Knöpfe auf ganzer Linie Einzug in die Damenmode gehalten und sämtliche Themenwelten, Arten, Formen, Größen und Materialien waren zu finden: farbige Mosaiken, Miniaturmalereien, Einlegearbeiten unterschiedlichster Art, ausgefallene Holzschnitzereien, Emaille, Perlmutt in Kombination mit gravierten Metalldetails, feinste Goldschmiedearbeiten und Kompositionen mit Edelsteinen, Perlen und Kristall, Knöpfe mit chinesischen und spanischen Motiven, filigrane Miniaturwebereien, Firmamentmotive mit eingesetzten Diamanten, die auf dunkelblauem Emaillegrund die Sterne nachbildeten, ägyptische Motive mit Pyramiden und Hieroglyphen, antikisierende Kameen, fesche Liebesknöpfe, versteckt an der Unterwäsche getragen, verführerisch duftende Parfumknöpfe – alle miteinander sind sie kleine Kunstwerke. Mit Stoff bezogene Knöpfe oder mit Posamenten verzierte waren dagegen schon beinahe alltäglich geworden.

Im Zuge der rasch fortschreitenden technischen Entwicklung im 19. Jahrhundert vollzog sich der Wandel von der Herstellung im Handwerksbetrieb zur industriellen Produktion von Knöpfen. Knöpfe konnten immer schneller und zugleich kostengünstiger hergestellt werden und wurden damit zu einer für jedermann erschwinglichen Massenware. Bei der Herstellung von Perlmuttknöpfen wird das besonders anschaulich. Bis etwa zu Beginn des 19. Jahrhunderts wurden Perlmuttknöpfe fast ausschließlich manuell und in Heimarbeit hergestellt. Die Auftraggeber und Fabrikanten lieferten das Rohmaterial zu den einzelnen Knopfmachern nach Hause und holten die fertigen Knöpfe anschließend dort ab. Die neuen Industriebetriebe machten die Knopfmacher zu Arbeitern, die nicht mehr daheim in Handarbeit, sondern in den Werkstätten des Fabrikanten, der Fabrik, an Maschinen bzw. teilmanuell arbeiteten. Viele kleinere Handwerksbetriebe konnten dem zunehmenden Konkurrenzdruck der großen Firmen nicht standhalten und mussten schließen. So wurden immer mehr Knöpfe in immer weniger Betrieben hergestellt – der Beginn einer Entwicklung, die bis heute andauert.

Gerade im Bereich der Metallverarbeitung war der technische Fortschritt durch den Einsatz von Dampfmaschine, Presse und Co. nicht mehr aufzuhalten und Metall- sowie Uniformknöpfe trugen zum Wohlstand ganzer Städte, wie beispielsweise Lüdenscheid als damaligem Zentrum der deutschen Metallknopfproduktion, bei. Wurden Knöpfe aus Metall früher noch massiv hergestellt, gegossen und gedreht, trat bald der Metallmontageknopf (auch Kalotz- oder Hohlknopf) seinen Siegeszug an. Diese neuartigen mehrteiligen Knöpfe wurden mittels einfacher, oft wasserbetriebener Fallhämmer, Nietblöcke und Stanzen aus Messing- und Tombakblechen gefertigt. Sie überzeugten sowohl durch ihre enorme Robustheit als auch durch ihr geringes Gewicht, das die Frachtkosten erheblich reduzierte und so auch die Kosten für das Endprodukt signifikant senkte. Der steigende Bedarf an Militaria-, und Uniformknöpfen, die sich mittlerweile in ganz Europa und Amerika fest etabliert hatten, ließ sich mit den neuen Produkten leichter decken. Insbesondere Deutschland wurde zu einem der Hauptproduzenten und Metallmontageknöpfe wurden zu einem nicht unerheblichen Wirtschaftsfaktor, der sich auch in schwierigen Zeiten als recht krisensicher erwies. Durch die Weiterentwicklung der einzelnen Fertigungsmethoden, neue Oberflächenveredelungen, wie u. a. die galvanische Vergoldung und Versilberung, sowie die Entdeckung vollkommen neuer Materialien zur Knopfherstellung, wie beispielsweise die ersten Kunststoffe auf der Basis von Horn, Milch und Bindemitteln, entstanden immer neue, immer rascher wechselnde Knopfmoden.

Zur Zeit des Biedermeiers gab es in Deutschland, Österreich und Frankreich die letzten typischen Knopfmacher, bei denen man sich zu den gekauften Stoffen auf Wunsch passende, oft individuell gestaltete Knöpfe anfertigen ließ oder fertige Knöpfe dort erwarb. Diese Handwerker gehörten schon damals zu einer »aussterbenden Art« und enorme handwerkliche Fertigkeiten, fundierte Kenntnisse aus den Bereichen der unterschiedlichsten Werkstoffe sowie zahlreiche manuelle Fertigungsmethoden gingen im Zuge dieser Entwicklung unwiederbringlich verloren. Nicht umsonst waren viele Knopfmacher wahre Generalisten ihres Handwerks und hatten neben ihrer fünf- bis siebenjährigen Lehrzeit auch oft noch eine weitere Ausbildung zum Goldschmied oder Posamentierer durchlaufen. Doch glücklicherweise verschwanden manuell hergestellte Knöpfe – trotz der schier übermächtigen Konkurrenz durch die Industrie – niemals komplett vom Markt. Auch kamen in der zweiten Hälfte des 19. Jahrhunderts, parallel zur modernen Massenware, neben schwarzen Hornknöpfen und Knöpfen aus geschwärztem Elfenbein oder Schildpatt mit reizvollen, äußerst detaillierten, oft kolonialen Motiven versehen, von Hand bemalte Porzellanknöpfe, häufig mit traditionellen, landestypischen Motiven aus Asien, in Mode. Diese sogenannten Chinaknöpfe wurden schnell zum deutschen Exportschlager. Mit chinesischen Motiven verziert, wurden sie im großen Stil in Deutschland hergestellt und nach Asien ausgeführt. Dort gab es zu dieser Zeit keine mit der europäischen Kleidermode vergleichbaren Trends und die heimische Knopfindustrie hatte – zumindest vorübergehend – einen neuen krisenfesten Wirtschaftsfaktor entdeckt. Ähnlich den Militär- und Beamtenknöpfen, die auch in wirtschaftlich schwierigen Zeiten (insbesondere natürlich in Zeiten der militärischen Aufrüstung vor den Weltkriegen) in großen Stückzahlen benötigt wurden, sicherten die »Chinaknöpfe« lange Zeit Tausende deutsche Arbeitsplätze.

Doch auch die einfacheren Metallknöpfe der viktorianischen Zeit wurden auf vielfältige Weise mit Darstellungen aus den unterschiedlichsten Themenbereichen verziert: Architektur, Astronomie, Fahrzeuge, Sport, Geschichte, Landschaften, Literatur, Porträts, Musik, Instrumente, Mythologie, Religion, Flora und Fauna, Theater, Zirkus … ein jeder fand bei dieser Auswahl wohl das für ihn passende Motiv.

Aber die Modeerscheinung der Epoche waren schwarze Knöpfe aus Jet oder Gagat. Queen Victoria hatte 1861 nach dem Tode ihres Mannes Albert von Sachsen-Coburg und Gotha ihre gesamten Juwelen durch Trauerschmuck aus schwarzem Jet ersetzen lassen. Sie selbst trat bis zu ihrem Tod im Jahr 1901 nur noch in schwarzer Garderobe auf. Entsprechende Gesetze und Kleidervorschriften zur allgemeinen Kleidung der Untertanen folgten, da es üblich war, dass das gesamte Volk mittrauerte. Die schwarzen Kleider nebst Zubehör wie Schmuck, Knöpfe, Schirme, Fächer, Hüte, Schleier, Handschuhe und Tücher wurden jedoch derart modern, dass es dafür in England sogar eigene Fachgeschäfte gab und die schwarze Garderobe europaweit reißenden Absatz fand. Dies sorgte dafür, dass innerhalb kürzester Zeit preiswerte Jet-Imitationen aus dunklem Glas und anderen Materialien aufkamen. Die farbenfrohen Emaille- und die dezenteren Niello-Knöpfe der Gründerzeit standen dazu im optischen Gegensatz und auch der Stahlpoint-Knopf erlebte, teils noch jetartig geschwärzt, eine Renaissance. Immer neue Methoden des Färbens, Emaillierens, Gravierens und der Oberflächenveredelung setzten neue modische Maßstäbe. Ein durchaus reizvolles Massenprodukt dieser Zeit waren die zweckorientierten, aus Milchglas hergestellten, oft eingefärbten und mit (Stoff-)Mustern und Dekoren bedruckten »Calico-Knöpfe«. Ihr Name stammt von Kattun bzw. Calico, einem beliebten Baumwollstoff, der ursprünglich aus der indischen Stadt Calicut stammte und von ihr seinen Namen erhielt, ab. Dessen charakteristische Muster übertrug man per Farbdruck auf die Knöpfe. Dieses Verfahren erwies sich als einfacher und zugleich kostengünstiger, als die Knöpfe umständlich mit Stoff zu beziehen oder gar von Hand zu bemalen. Die Optik war nicht weniger reizvoll. Calico-Knöpfe wurden meist aus England oder Frankreich nach Deutschland importiert und bis Mitte des 21. Jahrhunderts mit großem Erfolg hergestellt. In Sammlerkreisen gehören sie heute zu den begehrten Objekten und haben dank ihrer wunderschönen Muster und Ornamente ihren Reiz nie verloren.

Auch im Bereich der klassischen Naturmaterialien wie Perlmutt, Holz oder Horn wurde die Knopfproduktion durch den Einsatz neuer Werkzeuge Bohrer und Maschinen immer effizienter. Insbesondere bei der Perlmuttverarbeitung eröffneten sie neue Möglichkeiten – so ließen sich einige Rohmaterialien, wie zum Beispiel die Trokasschnecke, erst mittels der Maschinen im großen Stil verarbeiten. Dadurch gewannen auch Wäscheknöpfe aus Perlmutt zunehmend an Bedeutung. Trotzdem sind bei diesem Werkstoff bis heute manuelle Fertigungsschritte unverzichtbar, da die unterschiedlichen Muscheln und Schnecken aufgrund ihrer natürlichen, immer unterschiedlichen Maße und Eigenschaften eine industrielle Massenfertigung ohne handwerklichen Einsatz nicht zulassen. Auch die erlesenen Perlmuttknöpfe unterschiedlichster Form und Größe, die gegen Ende des 19. Jahrhunderts beliebt waren, verziert mit Schnitzereien und Mustern, Durchbruch- und Einlegearbeiten, Ornamenten und Zierbesatz, wären nicht rein maschinell produzierbar gewesen. Sie waren edle Unikate.

Mit der Verbreitung der immer stärker gefragten, damals noch vollkommen neuartigen, günstigen Konfektionskleidung – der ersten erschwinglichen Mode für die gesamte Bevölkerung – wurden jedoch einheitliche und zugleich günstige Knöpfe benötigt, die maschinell angenäht werden konnten. Das Endprodukt stand schon zu dieser Zeit unter massivem Kostendruck und die benötigten Rohstoffe mussten leicht zu beschaffen sein. Was lag da näher, als Knöpfe aus den neu entwickelten Kunststoffen herzustellen? Das erste synthetische Material, das seit 1874 zur Herstellung von Knöpfen eingesetzt wurde, war Zelluloid. Es war äußerst preiswert, leicht zu verarbeiten, bot vielfältige Einsatz- und Gestaltungsmöglichkeiten und eignete sich hervorragend zur günstigen Imitation hochpreisiger Naturmaterialien wie Elfenbein, Schildpatt, Perlmutt oder Horn. Ein perfekter Werkstoff für die zahlreichen Knopffabriken.

Als beinahe ebenso universell einsetzbar erwies sich Glas als Rohmaterial für Knöpfe. Die Damenmode setzte ab dem späten 19. Jahrhundert wieder auf den Knopf in großer Zahl und Glasknöpfe waren erneut en vogue. Sie wurden in unterschiedlichsten Designs produziert: Geprägt, geschliffen, mit vielfältigen Dekoren, Mustern und Motiven verziert, gedrückt, gewickelt, gefärbt, facettiert, poliert, mattiert, mit anderen Werkstoffen oder mit Bildmotiven kombiniert, maschinell oder manuell hergestellt – es entstanden höchst fantasievolle, wunderschöne Knöpfe für alle gewünschten Einsatzzwecke. Mit der zunehmenden Verbreitung der Waschmaschine ließ die Nachfrage nach Glasknöpfen jedoch rapide nach – sie erwiesen sich beim Waschen in der Maschine als zerbrechlich und Knöpfe aus Kunststoff oder mit Stoff bezogene spezielle Wäscheknöpfe stellten sich als deutlich praktischer heraus.

Die mehrteiligen Metall- und Kalotzknöpfe wurden nach wie vor in geradezu gigantischen Stückzahlen produziert und ihre hochglanzpolierten, oft noch zusätzlich veredelten Oberflächen wirkten immer wertiger. Sie wurden meist in zwei verschiedenen Größen hergestellt und als Kragen- oder Schulterknopf bzw. als größerer Verschlussknopf verwendet. Auch Uniformknöpfe unterlagen durchaus der Mode und wurden von Zeit zu Zeit, teilweise mitsamt den Kleidungsstücken, ausgetauscht. Kaum vorstellbar, welche Mengen von Knöpfen benötigt wurden, wenn eine komplette Armee neue Uniformen bekam. Dies geschah jedoch stets zur Freude der Knopffabrikanten, die davon profitierten.

Sie entwickelten ihre Produktionsmethoden stetig weiter

und speziell die Lüdenscheider Produzenten belieferten weltweit das Militär – in Kriegszeiten kurioserweise sogar Freund wie Feind. Diese Einnahmequelle half der Stadt über schwierige Zeiten hinweg und machte sie als deutsche Knopfmetropole international bekannt.

Doch so groß der Anteil von Militaria-, Beamten- und Livreeknöpfen im Hinblick auf die gesamte Knopfproduktion auch war, die wirklichen Besonderheiten waren eben doch immer die Zier-, Schmuck- und Modeknöpfe, die den jeweiligen Zeitgeist widerspiegelten. Um 1870 fanden beispielsweise erste Fotografien auf winzigen polierten Eisenplatten (Ferrotypien) ihren Weg auf den Knopf. Durch diese Technik hatte der Träger die Möglichkeit, seine Lieben stets bei sich zu tragen. Besonders beliebt waren diese Knöpfe bei Soldaten, die so ein Stückchen Heimat in der Fremde bei sich haben konnten. Ebenfalls für uns heute kurios anmutend sind die (damals sogar patentierten) »Junggesellen-Knöpfe«. Sie ähnelten vom Prinzip her den heutigen Durchsteckknöpfen, wie sie z. B. an Berufskleidung wie Kochjacken oder auch im medizinischen Bereich verwendet werden. Diese Knöpfe ersparten dem ledigen Herrn die lästige Arbeit des Annähens, damals eine reine Frauenarbeit.

Zu dieser Zeit war das Sammeln von hochwertigen Knöpfen als Zeitvertreib und Zeichen vornehmen Müßigganges bei europäischen Adligen weit verbreitet und zahlreiche bedeutende Knopfsammlungen, wie beispielsweise die der Baronesse Rothschild, die noch heute in England zu sehen ist, wurden damals begründet.

In Europa prägte zu Beginn des 20. Jahrhunderts der jeglichen Historismus ablehnende Jugendstil (auch Art Nouveau, Reform- oder Secessionsstil) neben Mode, Architektur und Kunst auch die Gestaltung von Gebrauchsgegenständen. Er diente den Knopfgestaltern zur Inspiration für Kleiderverschlüsse von hohem künstlerischen und handwerklichen Niveau. Kennzeichnend für die neue, moderne Formensprache waren dekorativ geschwungene, weiche, fließende Linien und Formen, verschlungene, fantasievolle Muster und florale Ornamente, die Aufgabe von Symmetrien sowie Frauenporträts mit auffallend langem, wallenden Haar. Diese Motive standen in starkem Kontrast zu den schweren, sachlich-nüchtern wirkenden Designs des ausgehenden 19. Jahrhunderts und wurden rasch zum weltweiten Modetrend.

Im Gegensatz zur Herrenmode änderte sich die Kleidung der Damen erheblich – und mit ihr gleich das gesamte klassische Rollenbild. Die Mode stand plötzlich komplett im Zeichen der vom Mann immer unabhängigeren, berufstätigen und sporttreibenden Frau und wurde im Zuge dessen zweckmäßiger und natürlicher. Sie gipfelte im vollkommen neuartigen – für die damalige Zeit geradezu revolutionären – lose herabhängenden »Reformkleid«. Es wurde ohne einengendes Korsett getragen und ließ der Trägerin nach den strengen Modediktaten der vergangenen Zeiten buchstäblich neue Freiheiten. Im Reformkleid konnte man sogar Tennis spielen oder Fahrrad fahren – versuchen Sie das einmal im Reifrock.

Hinsichtlich der Kleiderverschlüsse erfreuten sich Metall- oder Emailleknöpfe mit Jugendstilmotiven, mit Stoff bezogene oder mit Posamenten verzierte Knöpfe großer Beliebtheit. Der mit Textilien bezogene Knopf ließ sich optimal an

die neue (Stoff-)Mode anpassen, stand in perfekter Harmonie mit dem jeweiligen Kleidungsstück und erlebte eine neue Blütezeit. Auch er kam mittlerweile häufig als Massenware aus einer großen Fabrik, doch um die Jahrhundertwende etablierte sich in Stoffgeschäften der Service, dem Kunden passend zum gerade erworbenen Stoff die entsprechend bezogenen Knöpfe gleich mit anzubieten. Diese wurden aus mehrteiligen Metallrohlingen mittels einer einfach zu bedienenden Handpresse hergestellt und erfreuten sich rasch großer Beliebtheit. Eine weitere Neuheit dieser Jahre war der Druckknopf, der im Jahr 1903 patentiert wurde und in stark verbesserter Form auf den Markt kam. Der eigentlich unauffällige Verschluss erhielt aus optischen Gründen oft eine Kappe aus Perlmutt. Diese rettete die perlmuttverarbeitende Industrie durch die wirtschaftlich schwierigen Jahre 1903 bis 1905. Trotzdem blieben Druckknöpfe außer Konkurrenz zum klassischen Knopf – waren sie doch in erster Linie rein funktional und verschwanden nach wie vor häufig hinter einer Knopfleiste.

Doch die Zeiten änderten sich. Während und nach dem Ersten Weltkrieg arbeiteten notgedrungen viele Frauen – die Männer waren noch im Krieg, im schlimmsten Fall auf dem Schlachtfeld gefallen oder befanden sich in Kriegsgefangenschaft. Praktische Kleidung war dafür vonnöten und Zierrat aller Art verlor vorübergehend an Bedeutung – in Kriegszeiten eine durchaus logische Konsequenz. Auch wurden Rohstoffe knapp und die Knopfindustrie musste neue Wege gehen bzw. auf einfache Materialien zurückgreifen. So wurde Holz als Rohstoff wiederentdeckt: ein Material, das überall verfügbar war und sich gut verarbeiten ließ. Während und nach dem Krieg entstanden besonders schöne, teils kunstvoll bemalte Holzknöpfe in unterschiedlichsten Größen und vielfältigster Gestaltung, die an Originalität Knöpfen aus anderen Werkstoffen in nichts nachstanden. Auch die englische »Arts and Crafts«-Bewegung brachte im Zuge der Rückbesinnung auf die rein handwerkliche, manuelle Fertigung von Produkten aller Art wunderschöne Knöpfe aus den verschiedensten Naturmaterialien hervor.

Die wohlhabenden, modisch gekleideten Damen trugen nun Glockenröcke, Tuniken und Kleider in »Empire-Linie«.

Nach den verspielten Formen des Jugendstils kamen bereits ab 1910 einfache, gerade und abstrakte Linien in Mode. Wenig später propagierte auch das Bauhaus die Rückkehr zur Manufaktur. Künstler und Handwerker sollten zusammenarbeiten, die Form folgte der Funktion, sollte aber nicht nur zweckmäßig, sondern auch schön sein und das Auge erfreuen. Optisch ansprechende Gebrauchsgegenstände sollten keine Kunstobjekte, sondern für jedermann erschwinglich und normal im Geschäft zu kaufen sein. So wurde wiederum der Bogen zur industriellen Produktion geschlagen.

Es entstanden zeitlose Entwürfe, die bis heute verkauft und in zahlreichen Museen gezeigt werden. Sie sind bis heute Sinnbild perfekten Designs und wirken nach wie vor modern. Die sachlich-funktionalen, strengen, gradlinig-geometrischen Formen zierten viele Gegenstände und beeinflussten auch die Gestaltung von Knöpfen nachhaltig. Klare Linien und geometrische Formen wie Kreis, Dreieck, Quadrat und Trapez lösten die Schnörkel und Wellen des Jugendstils ab und fanden sich auch auf handwerklich hergestellten Perlmuttknöpfen, die dadurch wieder in Mode kamen. Der Knopf war plötzlich nicht mehr zwangsläufig rund – auch in anderen Formen wurde er zum modischen Accessoire. Wenige übergroße, teils extrem farbige Knöpfe wurden zum Blickfang auf der modernen Oberbekleidung und standen für den neuen Zeitgeist.

Beinahe nahtlos schloss sich ab etwa 1920 die Bewegung des Art Déco an, die für die Verbindung von Schönheit der Form, Wert der Materialien und der Wirkung der Farben mit dem Gesamtkontext stand. Dekorative Elemente mit geometrischen, floralen und organischen Grundthemen wirkten im Gegensatz zu den weichen Linien des Jugendstils gradlinig-modern. Diese Gestaltung mit Einflüssen des Futurismus und Kubismus beeinflusste auch das Knopfdesign, welches mit großer Liebe zum Detail beeindruckte. Auf Anfrage der Modedesignerin Elsa Schiaparelli schufen auch namhafte Künstler, wie z. B. Alberto Giacometti, in den 1930er-Jahren Knöpfe, die von einer funktionalen Verschmelzung von Kunst, Mode und Design zeugten. Für den Herrn wurden Manschettenknöpfe zum begehrten modischen Accessoire, das jedoch in den schwierigen Zeiten nur für die wenigsten erschwinglich war.

Als sich nach dem Ersten Weltkrieg die deutsche Wirtschaft langsam erholte und Rohstoffe wieder importiert wurden, machte auch die kunststoffverarbeitende Industrie große Fortschritte und durch innovative, immer ausgereiftere Herstellungsverfahren gelang es, die Perlmuttoberfläche von Knöpfen mit den neuen Materialien noch überzeugender zu imitieren und so preiswerte und gleichzeitig pflegeleichte Knöpfe mit ansprechender Optik in großer Zahl herzustellen. Trotzdem fehlt diesen Imitaten bis heute die besondere Ausstrahlung und Haptik des Naturmaterials. Nach dem schon länger verwendeten Zelluloid wurden immer mehr Kunststoffe entwickelt, die sich hervorragend zur Herstellung von Knöpfen eigneten. Schon seit der Jahrhundertwende wurden, durch den Krieg jedoch zeitweise unterbrochen, stetig mehr Kleiderverschlüsse aus Casein bzw. Galalith produziert und man konnte bald von industrieller Massenproduktion sprechen. Diese noch halbsynthetischen Kunststoffe hatten Milchbestandteile und Lab als Basis und wurden durch chemische und mechanische Prozesse zu einem sehr gut färb- und polierbaren Rohmaterial weiterverarbeitet, das sich sägen, fräsen, bohren, drehen und prägen ließ. Wenig später wurde das Bakelit, ein vollsynthetisches Kunstharz und ebenfalls einer der ersten industriell eingesetzten Kunststoffe, der ähnliche Eigenschaften wie Glas mit der Optik von Bernstein verband und leicht zu färben und weiterzuverarbeiten war, zu einem der bevorzugten Materialien. In Platten oder zu Stangen gepresst bzw. gegossen, wurden daraus bis in die späten 1930er-Jahre Knöpfe produziert. Anschließend etablierten sich vollsynthetische Kunststoffe, die aus preiswertem Erdöl statt teurer Milch hergestellt wurden und durch noch bessere Produkteigenschaften sowie eine bis dato ungekannte Farbigkeit überzeugten. Durch den vermehrten Einsatz dieser neuen Materialien, die immer weiter entwickelt und stetig verbessert wurden, verkamen Knöpfe aus natürlichen Rohstoffen und Naturmaterialien zum Nischenprodukt.

Die Mode der »goldenen« 1920er- und 1930er-Jahre orientierte sich noch immer stark an der bildenden Kunst, besonders auch an der Russischen Avantgarde, dem Kubismus und dem Konstruktivismus. Nach wie vor dominierten klare, geometrische Linien und Muster sowie kontrastreiche Farbkombinationen. Sie kennzeichneten auch die Knöpfe, die für die in großen Stückzahlen produzierten Modekollektionen für die breite Masse der Bevölkerung hergestellt wurden Diese Kleidungsstücke bestanden bereits oftmals aus den ebenfalls neuartigen Kunstfasern wie Acetat und Polyamid, die Kleider in Seidenoptik für den Alltag preiswert und pflegeleicht machten.

Um 1925 kam das Herrenoberhemd mit den oft auch heute noch an hochwertigen Hemden gebräuchlichen kleinen Perlmuttknöpfen in Mode. Infolgedessen wurden große Stückzahlen dieser Knöpfe nachgefragt und Importe aus dem Ausland erwiesen sich oft als günstiger als die in Deutschland produzierten Knöpfe. Zu Beginn der 1930er-Jahre waren daher plötzlich neun von zehn deutschen Perlmuttknopfmachern arbeitslos und auch die Weltwirtschaftskrise machte ihre Lage nicht einfacher. Ab 1933/1934 wurden Import- und Export-Zölle jedoch neu geregelt und die Knöpfe aus heimischer Produktion waren kurzfristig wieder konkurrenzfähig.

Doch schwierige Zeiten brachen an. Nach der Machtergreifung der Nationalsozialisten geriet die deutsche Knopfindustrie trotz des kurzen Aufschwungs erneut in eine existenzielle Krise. Die großen, exquisiten und international tonangebenden – überwiegend in jüdischem Besitz befindlichen – Modesalons mussten schließen und die Nachfrage nach Knöpfen ging rapide zurück. Auch eine Inspiration durch die moderne Kunst, die insbesondere in den vorangegangenen Jahrzehnten zu einer stetigen Weiterentwicklung der Bereiche Design und Gestaltung geführt hatte, war nicht mehr möglich, da in der NS-Zeit alles Avantgardistische und Abstrakte als »entartet« verboten wurde. Die Mode, ein durchaus bedeutender Wirtschaftszweig, kam damit praktisch zum Erliegen. Auch die Rohstoffknappheit der (Vor-) Kriegsjahre tat ihr übriges, und der Knopf wurde in Deutschland zu einer funktionalen Notwendigkeit, der modische und künstlerische Aspekt trat komplett in den Hintergrund. Die Konkurrenz durch den 1893 erfundenen und sich seit den 1920er-Jahren zunehmend verbreitenden Reißverschlusses nahm stetig zu und er verdrängte rasch die Hosenknöpfe. Das bessere Handling auf der Herrentoilette überzeugte. Trotzdem wurde der Reißverschluss nie zum Klassiker und die weltberühmte Levi's 501 hat ihn bis heute – den geknöpften Hosenschlitz.

Ein schmückender Knopf entsprach plötzlich nicht mehr dem Modebild der Zeit und die letzte »kleine Knopfmode« vor dem Krieg mit einigen wenigen verspielten Exemplaren fand schnell ein Ende. Zugegebenermaßen hatte man in Europa, insbesondere in Deutschland, andere Sorgen. Die Amerikaner hingegen brachten zu dieser Zeit noch die herrlichsten Exoten auf den Markt. Die Filmproduktions- und Filmverleihgesellschaft Metro-Goldwyn-Meyer präsentierte beipielsweise Zelluloidknöpfe mit Bildern ihrer Filmstars: die Antlitze von Loretta Young, Robert Taylor, Errol Flynn, Clark Gable, Tyrone Power und anderen zierten diese frühen Fanartikel. Auch die Aufhebung der Prohibition im Jahr 1933 inspirierte die amerikanischen Knopfhersteller zu ungewöhnlichen Motiven: Darstellungen von alkoholischen Getränken, Whiskeyflaschen und Cocktailgläsern wurden zum weit verbreiteten Modegag. Auch Bilder von Bigbands erfreuten sich großer Beliebtheit und Carmen Miranda, ein Musicalstar mit besonderer Vorliebe für mit Früchten dekorierte Hüte, war das Vorbild für Knöpfe mit Obstmotiven.

Von etwa 1930 bis 1960 waren derartige Miniatur-Knopf-plastiken mit detailgetreuen Darstellungen von Alltagsgegenständen wie zum Beispiel Tintenfässchen, Bleistiften, Telefonen, Farbpaletten, Schallplatten, Hot Dogs, Zigarettenschachteln, Geigen, Pistolen, Kakteen, Kompassen, Cowboystiefeln, Hummern oder Topfblumen, um nur einige zu nennen, in den USA sehr beliebt. Diese Knöpfe wurden aufgenäht auf wunderschönen, oft äußerst originell gestalteten Pappkärtchen verkauft. Auf ihnen kamen die winzigen, dreidimensionalen Objekte hervorragend zur Geltung.

In Deutschland retteten lediglich die im Zuge der militärischen Aufrüstung rasant steigende Nachfrage nach Uniformknöpfen und der Bedarf für die einheitliche Kleidung der NS-Gruppierungen, wie dem Bund deutscher Mädchen, der Hitlerjugend und dem Reichsarbeitsdienst, zahlreiche Arbeitsplätze in der Knopfproduktion. Die großen Stückzahlen, die benötigt wurden, ermöglichten diesem Industriezweig das Überleben in den harten Kriegsjahren.

Weite Teile der Bevölkerung litten Not, denn die Produktion von fast allen Dingen des täglichen Gebrauchs kam in Ermangelung von Rohstoffen, Fabriken und Arbeitskräften nahezu vollständig zum Erliegen. Die Kleidung wurde aus den unterschiedlichsten Materialien selbst geschneidert: Der Uniformmantel wurde zur Hose, die Gardine zur Bluse, aus Altem entstand Neues und vorhandene Knöpfe wurden für andere Kleidungsstücke genutzt. Wohl dem, der noch welche in der hoffentlich gut gefüllten Knopfschachtel hatte. Auch die nahezu unverwüstlichen Uniformknöpfe aus Metall wurden weiterverwendet, häufig farbig übermalt oder mit Stoff bezogen.

Direkt nach Kriegsende herrschte eine extreme Rohstoffknappheit und kreative Lösungen waren gefragt. So entstanden Knöpfe aus den kuriosesten Materialien: Telefondraht, Propellerholz und Acryl- oder Plexiglasscheiben von Flugzeugen, Alltagsabfälle wie z. B. Zigarettenschachteln, Pappe oder sogar Teile von Zahnbürsten. Improvisationstalent war gefragt und offenbar reichlich vorhanden. Vieles wurde umfunktioniert und gerade diese manuell gefertigten Knöpfe aus Notzeiten haben oft einen ganz eigenen Reiz – nicht nur optisch, sondern sie sind als Symbol der Zeit auch ein Teil unserer Geschichte.

Mit dem Wiederaufbau und dem erneuten Start der Produktion in vielen Fabriken wurden auch Knöpfe wieder industriell hergestellt. In den ersten Jahren nach dem Krieg waren einige Rohstoffe jedoch nach wie vor Mangelware und mancher Knopf bestand noch immer aus Notmaterialien. Bald wurden wieder Wäscheknöpfe aus Zwirn und Leinwand produziert, die erst in den 1960er-Jahren von Knöpfen aus Kunststoff abgelöst werden sollten. Zu Beginn der Wirtschaftswunderjahre kam die industrielle Fertigung wieder in Fahrt, übertraf rasch die der Vorkriegszeit und moderne Maschinen eröffneten neue Möglichkeiten der Massenproduktion.

In den 1950er-Jahren ging es nach Jahren der Not und Entbehrungen wirtschaftlich bergauf, die Menschen hatten neue Zukunftsperspektiven, es herrschte annähernd Vollbeschäftigung, die Gehälter stiegen und viele Deutsche konnten sich erste Urlaubsreisen nach Italien oder Spanien leisten. Entsprechend war auch die Mode: Caprihosen und weit schwingende Tellerröcke mit Petticoat à la Gina Lollobrigida und

Sophia Loren waren für die Damen der neueste Schrei, die Herren trugen Anzug, Clubjacke, amerikanisch inspirierte Hawaiihemden und erste Jeanshosen.

Die passenden Verschlüsse durften dabei natürlich nicht fehlen. Knöpfe aus Bast, Korb, Bambus, Stroh oder Kork waren nicht mehr aus der Not geboren, sondern wurden passend zur Mode produziert. Die aufkommende sportliche Lederkleidung für Motorrad- und Autofans im Stil von James Dean wurde von Lederknöpfen geziert, die entweder geflochten als Kugelknopf oder gerollt als Knebel aktuell waren. Sie wurden stets in Handarbeit hergestellt, hoben sich daher von der Massenware ab und standen für hochwertige Bekleidung. Man konnte sich wieder etwas leisten. Die Mode – und mit ihr die Knöpfe – wurde farbenfroher und innovativer. Unterschiedlichste Stoffe, Schnitte, Muster und Materialien wurden verwendet und zeugten von einer neuen Freude an der Mode, einem Stückchen Luxus für jedermann. Auch die Knopfdesigner überboten sich gegenseitig mit Fantasie und Ideenreichtum, es gab kaum einen Rohstoff, der nicht zu Knöpfen verarbeitet wurde, und der Schmuck- bzw. Zierknopf erlebte eine Renaissance.

Interessanterweise kamen dem Knopf in diesen Jahren oft die Löcher vorn abhanden und Ösenknöpfe aller Art wurden modern. Vom Kunststoffexemplar in Bonbon- bzw. Pastellfarben, über schlichte Glas- oder Perlmuttknöpfe, bis hin zu mit Stoff bezogenen oder mit geometrischen Mustern verzierten dicken »Brummern«, schwarzen mit wulstigem Rand, die an Lakritz denken lassen, kleinen Marienkäferchen oder Blümchen aus Silberfiligran – ein Knopf war schöner als der andere.

Stilistisch gab es in diesen Jahren keine einheitliche Tendenz, Einflüsse jedoch in Hülle und Fülle. Die legendären Pariser Modehäuser wie Chanel (»Chanelknopf«) und Dior, politische Ereignisse, die Jugendkultur, Filme, Kunst, Design und Architektur beeinflussten die Mode und damit auch die Gestaltung von Knöpfen. Besonders prachtvolle und außergewöhnlich gestaltete Schmuckknöpfe wurden sogar häufig punktuell an die Kleidung genäht und wie eine Brosche getragen. Auch lange üppige Reihen waren beliebt – sie waren ebenfalls ein Zeichen des noch immer wachsenden Wohlstandes.

Alle Rohmaterialien für hochwertige Knöpfe waren wieder verfügbar und erfüllten jeden Wunsch der Hersteller und Kunden: Metalle aller Art, Perlen und Pailletten, Schmuck- und Glassteine, Perlmutt, Porzellan, Horn, Glas und hochwertige Kunststoffe ließen Knöpfe in großer Vielfalt entstehen. Für sportliche Garderobe wurden sie aus Leder, Horn, Kork, Bast, Holz oder aus Metall oder Kunststoffen hergestellt, Letztere wurden in immer neuen Varianten von der Knopfindustrie entdeckt. Galalith, Bakelit und Acryl hatten bereits den Markt erobert, während die neuen Polyamide nun auch die Knopfherstellung im Spritzgussverfahren ermöglichten. Hierfür wurden spezielle Materialien entwickelt, um beste Ergebnisse zu erzielen: Rasch und in beliebiger Menge und Größe produzierbar, kostengünstig, von hohem Gebrauchswert und natürlich optisch ansprechend sollten die Knöpfe sein. Diese Eigenschaften waren nur in der industriellen Massenproduktion realisierbar und bereits im Jahr 1957 betrug der Marktanteil von Kunststoffknöpfen 70% (Metallknöpfe 10%, Holz 5%, Büffelhorn 5%, andere Materialien 10%). Die Erfindung des Polyesterknopfes galt als geradezu revolutionär – er war ideal zu verarbeiten, günstig und pflegeleicht und mit diesen Eigenschaften anderen Materialien überlegen. So löste er innerhalb kürzester Zeit ältere Kunststoffe wie Galalith und Bakelit ab.

Die 1960er-Jahre brachten den Minirock, der erst eine Welle der Entrüstung, später eine Welle der Begeisterung auslöste und zum Symbol der neuen Freiheit wurde. Twiggy prägte ein neues Schönheitsideal, die Kleider wurden schlichter, gradliniger und schmaler, die Muster geometrisch, und Jacqueline Kennedy avancierte mit Kostüm und Pillbox-Hut zur Stilikone des Jahrzehnts.

Große, funktionale Knöpfe aus Kunststoff, leicht zu knöpfen, oft dickrandig und unifarben, prägten das Erscheinungsbild vieler Kleidungsstücke. Durch die industrielle Produktion passten die Knöpfe stets perfekt zu den Maschinen (und die Maschinen zu den Knöpfen) und konnten vollautomatisch angenäht werden. Dies senkte die Herstellungskosten erheblich, trug jedoch nicht gerade zu einer größeren Knopfvielfalt bei.

Die große Knopf-Euphorie der 50er- und 60er-Jahre ließ im darauf folgenden Jahrzehnt spürbar nach. Die 1970er-Jahre waren geprägt von zahlreichen, teils gegenläufigen Modeströmungen wie Hippie, Punk und Disco – oder man trug einfach, unkompliziert und praktisch einen Pullover und Jeans. Keiner dieser Trends setzte sich längerfristig durch zu sehr wurde die Mode auch zum politischen Statement und zur Lebensart. Nicht einmal die Rocklänge war geregelt Im Zuge der 68er war plötzlich alles möglich – von Mini bis Maxi bei den Röcken und auch die Hosen gab es von Hotpants bis zur Schlagjeans. Man trug, was einem gefiel. Diese höchst unterschiedlichen Stile prägten den Zeitgeist und das Lebensgefühl der 70er-Jahre: Selbstfindung, Unabhängigkeit, Rebellion und Emanzipation waren gesellschaftliche Themen, die in der individuellen Kleidung zum Ausdruck kamen. Ein Modediktat, wie es noch in den 60ern vorherrschte, passte einfach nicht mehr in diese neue, liberale Zeit.

Leider bedeutete dies für die Knopfindustrie schwarze Jahre und zahlreiche Firmen mussten schließen. Übrig blieben in Deutschland nur einige wenige Großunternehmen. Es fehlte einfach die Knopfmode – die Nachfrage sank rapide und der Knopf verkam fast vollständig zum rein funktionalen Kleiderverschluss: einfallslos, zweckorientiert, langweilig, gesichtlos – öde Massenware. Auch Klett- und Reißverschluss sorgten zusätzlich für Konkurrenz und es dauerte tatsächlich bis in die 1980er-Jahre, bis der Knopf wieder zum modischen Thema wurde und für die Knopfhersteller wieder bessere Zeiten anbrachen. Trotz der Vorliebe der Punks für Sicherheitsnadel und Reißverschluss setzten die Modedesigner wieder voll auf den Knopf. Er wurde erneut Gestaltungselement, schmückendes Detail, Zeichen von Exklusivität und bescherte der Industrie endlich wieder gute Geschäfte. Die teilweise recht schrillen Modetrends der Zeit wie Glamour-Rock, Fitness und Aerobic, Graffiti, geometrische Muster, Neonfarben, Acryl- und Plexiglas, Multicolor, Karottenhosen oder Schulterpolster, aber auch Pop-Idole wie Madonna und Michael Jackson sowie die Designs der großen Bekleidungsmarken beeinflussten das Design der Knöpfe. Es wurde viel experimentiert und wer es sich leisten konnte, zeigte dies auch gern. Der »Popper« mit Markensweatshirt und Polohemd wurde zum Gegenpart des Punks mit Lederjacke, zerrissenem T-Shirt und Sicherheitsnadel im Ohr. Die Knopfindustrie nutzte sämtliche Möglichkeiten von Design, Materialien und moderner Fertigungstechnik eindrucksvoll – noch nie gab es eine derartige Vielfalt an Knöpfen auf dem immer globaler werdenden Markt. Ob transparent, verspiegelt, prächtig glänzend oder ganz schlicht, dezent unifarben oder mit wildem Graffitimuster, aus einfachem Kunststoff oder handgeschliffenem Perlmutt, aus Gummi, Porzellan, Glas oder Bambus, als kleine Erdbeere oder Miniaturcomputer – diese Knöpfe machten wieder Spaß.

Mit den immer schneller wechselnden Trends der 1990er- und 2000er-Jahre und zahlreichen Modekollektionen (früher gab es zwei, maximal drei pro Jahr, heute bekommen die großen Textilketten fast täglich neue Ware) wurden immer mehr, immer neue, immer andere und immer günstigere Knöpfe benötigt. Die industrielle Produktion, in der Regel in Asien ansässig, ließ den Knopf in den meisten Fällen zur Massenware und somit auch zum Wegwerfartikel werden, der mit dem – oft nach nur kurzer Tragedauer ausrangierten, viel zu schnell unmodern gewordenen – Kleidungsstück entsorgt wird. Häufig lohnt es in der Tat weder die Zeit noch die Mühe noch der Knopf selbst, ihn abzutrennen, aufzubewahren und wieder an ein anderes Kleidungsstück anzunähen.

Doch es gibt sie noch, die schönen Knöpfe, die aus hochwertigen Materialien, die herrlich verzierten, die besonderen, die feinen oder einfach optisch ansprechenden, originellen – die, die das (Sammler-)Herz erfreuen! Man findet sie in den kleinen Boutiquen oder im Fachgeschäft, denn Besonderes hatte schon immer seinen Preis. Wessen Herz schlägt wohl nicht höher beim Anblick solcher Preziosen? Ganz besonders reizvoll sind auch die Knöpfe der großen Designer- und Haute-Couture-Label. Wer kennt sie nicht, die edlen Chanel-Knöpfe mit den beiden verschlungenen Cs, die mit Logo oder »Gucci«-Schrift, dem Medusenkopf von Versace oder die schlichten großen Vierlochknöpfe von Christian Dior. Der Designer selbst sagte einmal, dass »Knöpfe helfen, dem Kleid seine wahre Bedeutung zu geben«. In jedem Fall sind sie besondere Details, oft kleine Kunstwerke, mit großer Liebe ausgesucht, in der Regel extra für die jeweilige Kollektion gestaltet und auch Sammlerobjekte, die bei eBay & Co. teils schwindelerregende Preise erzielen.

Auch der Trend der letzten Jahre zum »Upcycling«, »Do-it-yourself« und zum Handarbeiten bleibt ungebrochen. Material zum Nähen und Basteln ist vom großen Kaffeeröster bis zum DIY-Shopping-Portal im Internet in vielfältigster Form zu haben. Kursangebote sprießen nur so aus dem Boden, spezielle Knopfläden erobern die Großstädte – die Zunkunft des Knopfes ist offenbar gesichert.

Den Bogen von alt zu neu spannen auch die Knopfsammler, von denen es eine wirklich wunderbare Szene in Deutschland gibt. Sie bewahren nicht nur unsere »Knopf-Schätze«, sondern damit auch einen Teil unserer Kulturgeschichte und ein enormes Wissen rund um den schönsten Kleiderverschluss der Welt.

Oft stehen diese privaten Sammlungen, die leider nur in den seltensten Fällen öffentlich zugänglich sind, den großen Knopfsammlungen in den Museen wie z. B. dem Museum of Modern Art in New York oder den deutschen Sammlungen in Bärnau, Lüdenscheid, Dresden, Warthausen bei Biberach oder Schmölln in nichts nach.

Älter als das Rad und immer noch aktuell: Das muss man erst einmal schaffen! Dem Knopf gelingt das mühelos – trotz zahlreicher Krisen, Reglementierungen und Verbote wurde er niemals wirklich vergessen.

DIE KNOPFSCHACHTEL

Die Mehrheit der Amish, einer streng gläubigen, extrem konservativen, protestantischen Glaubensgemeinschaft, lehnt Knöpfe als unvereinbar mit ihren Traditionen und als eitlen Zierrat ab. Stattdessen werden dort bis heute zum Schließen der Kleidung Nadeln oder schlichte Haken und Ösen aus Metall verwendet.

In China symbolisieren fünf Knöpfe an der Kleidung die wichtigsten Tugenden: Menschlichkeit, Rechtschaffenheit, Gerechtigkeit, Klugheit und Ordnung.

Die Hemdkragen der britischen Polospieler waren beim Trab oder Galopp oft hinderlich, weil sie hochklappten. Um dies zu verhindern, befestigte man sie kurzerhand mit zwei kleinen Knöpfen am Hemd und der Button-Down-Kragen war geboren.

Traditionelle schottische Kiltverschlüsse bestanden aus rautenförmigen, kunstvoll verzierten schweren Silberknöpfen, deren Wert dem einer würdigen Bestattung entsprach. Sie dienten so für den Fall, dass man in der Fremde unerwartet verstarb – ähnlich den goldenen Ohrringen vieler Seeleute – als finanzielle Sicherheit.

Im 17. Jahrhundert wurde in Connecticut / USA eine Steuer auf das Tragen von Gold- und Silberknöpfen eingeführt.

Friedrich II. von Preußen ließ an den Ärmelaufschlägen der Uniformen seiner Soldaten drei metallene Knöpfe befestigen, damit sich diese damit nicht mehr die Nase abwischen konnten.

Ende des 18. Jahrhunderts war es bei amerikanischen Mädchen verbreitet, schöne Knöpfe zu sammeln und auf Garnbänder aufzuziehen. Diese wurden »Liebesfäden« genannt: beim 999. Knopf war der Legende nach der Zeitpunkt gekommen, an dem die junge Dame ihren zukünftigen Ehemann kennenlernen sollte.

Die britische Armee hatte im Ersten Weltkrieg sage und schreibe 367 verschiedene Arten von Knöpfen in Gebrauch. Alle Varianten konnten bei Bedarf innerhalb von acht Stunden in ausreichender Menge beschafft werden und sorgten für einen gigantischen Bedarf an Metall-Politurpaste, mit der die Soldaten ihre Uniformknöpfe pflegten.

Die »Pearly Kings and Queens« – auch »Pearlies« genannt – sind Vertreter dreier traditioneller englischer Wohlfahrtsorganisationen mit Sitz in London. Gegründet wurden sie zu

Beginn des 20. Jahrhunderts von Henry Croft (1861-1930), einem Straßenkehrer, der als der »Original Pearly King« in die Geschichte einging. Er kopierte die Mode der fliegenden Händler und verzierte seinen Anzug über und über mit Perlmuttknöpfen, um bei seinen Sammlungen für wohltätige Zwecke mehr Aufmerksamkeit zu erzielen.

KLEINER KNOPFKNIGGE

Was gehört beinahe zwingend zum Knopf? Klar, das Knopfloch!

Manchmal kommt der Knopf auf der anderen Seite auch auf mysteriöse Art und Weise abhanden – wie beispielsweise am Revers der Herrensakkos. Dort fristet das Knopfloch ein einsames Dasein, oft verharrt es gar zugenäht und nur selten schmückt es heutzutage noch eine Blume. Vermutlich stammen die verschwundenen Knöpfe noch aus der Zeit, als die reitenden Herren den Kragen mittels Knöpfung vom Hochklappen abhielten.

Doch auch einzelne Knöpfe – also Knöpfe ohne ein eigens für sie bestimmtes Knopfloch – findet man durchaus ab und an: ein drittes Knopfpaar auf dem Zweireiher oder ein Paar auf dem Rücken langer Mäntel. Letzteres ist ebenfalls ein Zeuge von reitenden Mantelträgern, die Wert auf ein gepflegtes Äußeres legten und Sinn für's Praktische hatten, denn damit knöpften sie die Rockschöße beim Reiten hoch.

Andere Knöpfe wiederum werden um keinen Preis geschlossen, obwohl man es könnte. Der unterste Knopf einer

Weste bleibt stets offen und beim Sakko schließt man stilsicher nur den mittleren.

Der eine mag es zugeknöpft, der andere eher locker. Gerade beim Hemdkragen macht dies oft den entscheidenden Unterschied. Offiziell und korrekt werden die Knöpfe vollständig und bis obenhin geschlossen. Jeder weitere geöffnete Knopf mehr (ebenso wie der Verzicht auf Krawatte, Einstecktuch, Manschettenknopf und Co.) signalisiert zunehmende Lässigkeit.

Bei eleganten Anlässen hingegen geht es ganz anders zu: entweder komplett mit Smoking und Manschettenknöpfen (gern aus Edelmetallen, Onyx, Hämatit oder Perlmutt) oder dezenter mit einer verdeckten Knopfleiste und maximal zwei Manschettenknöpfen unter dem Ärmel, die ganz das feine Tuch des Oberhemdes oder Smokings in den Vordergrund stellen.

Auch ist die Wahl des richtigen Knopfes für das jeweilige Kleidungsstück oft keine triviale Angelegenheit. Schließlich kann ein unpassender Knopf den optischen Gesamteindruck eines Kleidungsstücks komplett zerstören. Gerade eine schlichte Jacke wirkt mit einfachen Kunststoffknöpfen sofort billig, mit schönen Steinnussknöpfen wertig, mit Strassknöpfen edel und mit Chanel-Knöpfen wie Haute Couture.

Häufig kommt nur eine einzige Knopfart infrage: Eine Cashmere-Strickjacke geht eigentlich nur mit kleinen Perlmuttknöpfen, klassisch wie die Jacke. Ein Dufflecoat wäre kein Dufflecoat, käme er ohne Knebelknöpfe daher und ein

Trachtenjanker aus Loden mit farbigen Plexiglas- oder Strass-knöpfen? Vollkommen undenkbar.

Auch ein »Fremdling« (beispielsweise ein Zweilochknopf unter Vierlochknöpfen) ist immer ein Fauxpas, zeugt er doch davon, dass im Moment seines Verlustes kein passender Knopf zur Hand war. Mindestens ebenso peinlich ist eine andere Garnfarbe – selbst wenn der eigentliche Knopf perfekt passen sollte.

Was ebenfalls eine diffizile Angelegenheit darstellt, ist der richtige Abstand zum Stoff, der zwecks unkomplizierter Handhabung des Kleiderverschlusses stimmen sollte – möchte man den Knopf doch ohne Gewalt und Fummelei zügig öffnen und schließen können. Ein alter Trick ist die Distanzmessung per Streichholz, das beim Annähen zwischen Knopf und Stoff gelegt wird. Anschließend den so entstandenen Steg tüchtig mit dem Faden umwickeln und diesen ordentlich vernähen, schon steht einer Verbindung für die Ewigkeit nichts mehr im Wege.

Apropos Nähen: Kennen Sie den Beruf der »Aufnäherin«? Dies waren Damen, die Knöpfe auf bedruckte Pappen aufnähten. So wurden früher besondere und hochwertige Knöpfe in den Verkauf gebracht, während einfache als lose Ware in den Handel kamen. Auch für Messen und den Außendienst wurden solche Knopfkarten zur Produktpräsentation verwendet.

Glitzernde Strasssteinchen, funkelnd wie feinste Juwelen, knorrige Ungetüme aus dickem Holz, Münzen, bunte Herzchen und Äpfel, langweilige beige-braune aus billigem Plastik mit scharfen Kanten, opulente mit glänzenden Posamenten, kniffligst geflochten, geschlungen und gehäkelt, Lederknebel, Knöpfe aus Büffelhorn mit wunderschöner Maserung, in allen Farben des Regenbogens schimmerndes Perlmutt mit magischem Glanz, Kunststoffknöpfe, weingummi- und bonbongleiche, schmuddelige, abgegriffene Leinwandknöpfe, welche aus schäbigem Pappmaché, die noch von den entbehrungsreichen Kriegs- und Nachkriegsjahren erzählen, kuriose Knöpfe mit wildem Graffitimuster, geschnitzte, beklebte, bemalte, gedrechselte …

Knöpfe über Knöpfe aus allen erdenklichen Materialien, in allen Formen und Farben. Eine schier unergründliche Schatzkiste, eine Quelle ästhetischen Entzückens, Hort von Geheimnissen, ein Teil der Familiengeschichte, Spielzeugbox oder auch nur ein Mittel zum Zweck – das ist die gute alte Knopfschachtel.

Ihr Inhalt überdauert die Kleidung, für die er einst entworfen und geschaffen wurde, meist mit der fragwürdigen Aussicht auf einen zweiten Einsatz in der ursprünglichen Bestimmung als Kleiderverschluss.

Früher hatte jede Familie ihr eigenes »Schatzkästchen« voller Knöpfe, stellten diese doch oft einen nicht unerheblichen materiellen Wert dar. In Jahren von Krieg und Entbehrungen waren sie in der Regel rar und nur schwer zu beschaffen; so war es üblich, von den abgelegten Kleidungsstücken stets die Knöpfe abzutrennen, sorgsam zu verwahren und wieder zu verwenden.

Dieses Behältnis wurde normalerweise von Generation zu Generation weitergegeben, so wurde die Knopfschachtel zu einem Teil der Familiengeschichte und erinnert, einem Fotoalbum gleich, an die Mode der jeweiligen Zeit, an einzelne Kleidungsstücke und damit auch an vielleicht schon verstorbene Angehörige und deren Geschichten, die so auf ganz plastische Art und Weise lebendig bleiben.

Unser eigener »Familienknopfschatz« lagert in einer gläsernen Kaffeedose aus den Siebzigern mit einem grell orangefarbenen Deckel, einer hölzernen Zigarrenkiste und einer verbeulten Blechdose ungewisser Herkunft. Letztere stammen von meiner Mutter und aus den Nachlässen der Großeltern und faszinieren mich bereits seit meiner Kindheit. Wenn an Regentagen ausgebessert, gestopft und genäht wurde, durfte ich den Deckel der Dose lüften und mit den wunderbaren Knöpfen spielen – selbstverständlich mit der Auflage, hinterher alles wieder ordentlich einzuräumen und die Knöpfe nicht im ganzen Haus zu verteilen. Kaum ein Knopf glich dem anderen, bunt, schillernd, so grundverschieden – wie geheimnisvolle Schmuckstücke lagen sie da. Das allerschönste aber war, dass Mama und Oma zu fast jedem Knopf eine Geschichte wussten und sich kurioserweise meist exakt erinnern konnten, woher die Knöpfe stammten. Die grünen waren von Omas Verlobungskleid, die großen pastellfarbenen mit dem dicken Rand von Mamas Strickjacke aus den 60ern, dazwischen blinkten Opas Uniformknöpfe, einige von

Klaus' Konfirmationsanzug, aber auch etliche neueren Datums, die oft den Charme der 70er- und 80er-Jahre versprühten.

Heute spielen meine eigenen Kinder mit diesen Knöpfen – es handelt sich offenbar um eine Art universelle Faszination. So wunderbar unterschiedlich diese kleinen Objekte sind, so herrlich durcheinander, immer wieder findet man neue, die man beim letzten Mal noch nicht entdeckt hatte, gleich neben »alten Bekannten«.

Sie lassen sich der Größe oder Farbe nach sortieren, fein säuberlich ordnen und auf Fäden aufziehen, durch die Gegend schnippen, zu Mustern und Figuren legen, aufkleben, als Spielfiguren verwenden, man kann Murmeln damit spielen, sie sammeln und tauschen, in einen Piratenschatz verwandeln, ausschütten, zu Türmen stapeln, aufnähen – kann es ein perfekteres Spielzeug geben?

Aber nicht nur der Inhalt der Knopfschachteln zählt, auch das Behältnis an sich ist oft eine spannende Angelegenheit: vom simplen Deckelfach in Omas Stopfkasten, über Zigarrenkisten, noch mit »Reichsmark«-Etikett, Gläser und Dosen aller Art, liebevoll mit Geschenkpapier oder Abbildungen aus Illustrierten beklebte Schachteln, Stoffsäckchen und Nikolausstrümpfe, Gefrierbeutel, ausgediente Abendhandtaschen, Cremetöpfe oder Mehlschubladen – viele sind noch sehenswerter als die Knöpfe selbst.

Interessant ist auch das, was übrig bleibt, nimmt man die Knöpfe einmal heraus. Oft findet man allerlei Kurioses, was irgendwann einmal den Weg in die Knopfschachtel gefunden hat: Haken und Ösen, BH-Verschlüsse, Aufklebebildchen,

kleine Perlen, Geldstücke (gern Fremdwährung), Milch-
zähne, Spielgeld, Sicherheits-, Steck- und Nähnadeln, Bro-
schen, Druckknöpfe, Schneckenhäuser, Würfelchen, Haarna-
deln, Spangen, Anstecker, einzelne Ohrringe, Glitzer- und
Kieselsteinchen, Schlüssel unbekannter Herkunft und Zugehörigkeit, Spielchips, Schnallen, Schrauben, seltsame Metall-
und Kunststoffteilchen – die merkwürdigsten Dinge treten
dort zutage. Einen ganz eigenen Reiz hat der Geruch eines
solchen Knopfschatzes: Der ist oft durchaus ähnlich und immer sehr eigen. Meist ein wenig nach dem Behältnis selbst,
ein bisschen muffig, oft mit einem Hauch von Omis Kölnisch
Wasser, metallisch und irgendwie alt – auf jeden Fall speziell
und im Gedächtnis bleibend. Ein Wölkchen dieses Duftes
liegt übrigens oft auch über den herrlichen Wühlkisten voller
Knöpfe auf Flohmärkten oder in Stoff- und Kurzwarenläden.
Oft schlummert dort unter den 11 463 anderen ein einziger
wahrer »Schatz«, oder eben auch nur ein besonders schönes,
kurioses, altes oder gar irgendwo fehlendes Exemplar.

Heute werden weltweit massenhaft Knöpfe industriell produziert, exportiert und importiert – der »Krieg der Knöpfe«
ist heute ein globaler geworden. Lediglich die glücklichen Be-
sitzer einer gut gefüllten Knopfschachtel sind noch autark.
Heute wandern die Knöpfe meist mit dem daran hängenden
Kleidungsstück in den Altkleidercontainer, der innen einge-
nähte Ersatzknopf kommt nur selten zum Einsatz und es ist
häufig eher die Freude an schönen Dingen oder ein gewisser
Hang zur Romantik, die die gute alte Knopfdose nebst Inhalt
vor dem Müll bewahrt, als die schiere Notwendigkeit. Überhaupt gibt es ja durchaus Alternativen zum Knopf (Knopf-

phobiker sind äußerst kreative Spezialisten auf diesem Gebiet) – den Reißverschluss, den Klettverschluss, Haken und Ösen, Gürtel, Schnallen, Schlaufen und Bänder. Einigermaßen praktikabel sind sie alle, manche auch schnell und bequem zu handhaben. Aber sind sie schön? Gar ein Statussymbol? Hingucker? Handwerkskunst? Ein Kulturgut? Ein Stück Geschichte? Kommt es nur darauf an, dass alles seinen Zweck erfüllt, praktisch und schnell ist? Zum Glück nicht.

Und gerade deshalb wird uns der Knopf wohl auf ewig erhalten bleiben: ein echter Klassiker, der auch in Zukunft alle Zeiten und Moden mit größter Wandlungsfähigkeit und Flexibilität überdauern wird.

INHALT

Fotografien von Stephanie Schneider.
Mit freundlicher Unterstützung von Olaf Brandmeyer.

Erste Auflage 2018. © Insel Verlag Berlin 2018. Alle Rechte vorbehalten, insbesondere das der Übersetzung, des öffentlichen Vortrags sowie der Übertragung durch Rundfunk und Fernsehen, auch einzelner Teile. Kein Teil des Werks darf in irgendeiner Form (durch Fotografie, Mikrofilm oder andere Verfahren) ohne schriftliche Genehmigung des Verlages reproduziert oder unter Verwendung elektronischer Systeme verarbeitet, vervielfältigt oder verbreitet werden. Gesetzt in der Minion Pro. Gedruckt auf holzfreies, alterungsbeständiges, mattgestrichenes Papier der Firma Cordier, Bad Dürkheim, vom Memminger Medien-Centrum. Gebunden in Fadenheftung von der Buchbinderei Spinner, Ottersweier. Bezugspapier unter Verwendung einer Fotografie von Stephanie Schneider, Bielefeld. Printed in Germany.

ISBN 978-3-458-19447-7